U0296079

SALT
HONEY
SALT
Milk

微信公众号

舌尖上的安全

Eating Safely and Healthily

2

主　　编　程景民

副主编　郭　丹　邢菊霞　张国华

文　稿

编　　者（以姓氏笔画为序）

于海清　王　君　王　媛　元　瑾　毛丹卉　卞亚楠　田步伟
史安琪　邢菊霞　任　怡　刘　灿　刘　俐　刘　楠　刘磊杰
李　祎　李昊纬　李欣彤　李敏君　李靖宇　吴胜男　张　欣
张国华　张晓琳　张培芳　张锦钰　武众众　范志萍　郑思思
胡家豪　胡婧超　袁璐璐　徐　佳　郭　丹　郭　佳　曹雅君
梁家慧　程景民　谭腾飞　熊　妍　潘思静　薛　英　籍　坤

视　频

制　　片：李海滨

责任编辑：宋铁兵　刘磊杰

摄　　像：李士帅　李志彤　王磊磊

后　　期：郭园春　王丽莎　郝　琴

技术统筹：杜晋光

节目统筹：张亚玲

监　　制：郭　晔　王杭生

总监制：赵　欣　魏元平　柴洪涛

人民卫生出版社

图书在版编目（CIP）数据

舌尖上的安全. 第 2 册 / 程景民主编. -- 北京：人民卫生出版社，2017

ISBN 978-7-117-25393-2

Ⅰ. ①舌… Ⅱ. ①程… Ⅲ. ①食品安全 – 普及读物
Ⅳ. ①TS201.6-49

中国版本图书馆 CIP 数据核字（2018）第 001331 号

舌尖上的安全（第 2 册）

主　　编： 程景民
出版发行： 人民卫生出版社（中继线 010-59780011）
地　　址： 北京市朝阳区潘家园南里 19 号
邮　　编： 100021
E - mail： pmph @ pmph.com
购书热线： 010-59787592　010-59787584　010-65264830
印　　刷： 北京铭成印刷有限公司
经　　销： 新华书店
开　　本： 710 × 1000　1/16　　**印张：** 12
字　　数： 190 千字
版　　次： 2018 年 3 月第 1 版　2018 年 3 月第 1 版第 1 次印刷
标准书号： ISBN 978-7-117-25393-2/R · 25394
定　　价： 45.00 元
打击盗版举报电话：010-59787491　E-mail：WQ @ pmph.com
（凡属印装质量问题请与本社市场营销中心联系退换）

《舌尖上的安全》

学术委员会

邵　薇（中国食品科学技术学会）
郝建新（山西省科学技术协会）
胡先明（山西省健康管理学会）
郭丽霞（国家食品安全风险评估中心）
黄永健（山西省食品工业协会）
梁晓峰（中华预防医学会）
曾　瑜（中国老年医学会）
谢　红（山西省科技厅）

第2册

前言

2015年4月，十二届全国人大常委会第十四次会议表决通过了新修订的《食品安全法》。这是依法治国在食品安全领域的具体体现，是国家治理体系和治理能力现代化建设的必然要求。党中央、国务院高度重视食品安全法的修改，提出了最严谨标准、最严格监管、最严厉处罚、最严肃问责的要求。

新的《食品安全法》遵循“预防为主、风险管理、全程控制、社会共治”的原则，推动食品安全社会共治，鼓励消费者、社会组织以及第三方的参与，由此形成社会共治网络体系。新的《食品安全法》增加了食品安全风险交流的条款，明确了风险交流的主体、原则和内容，强调了风险交流不仅仅是信息公开、宣传教育，必须是信息的交流沟通，即双向的交流。

本书以《舌尖上的安全》节目内容为基础，全书由嘉宾与主持人的对话讨论为叙述形式，并借力新媒体技术，通过手机扫描二维码，即可观看《舌尖上的安全》同期节目视频，采用一种图

文并茂、生动活泼的创新手法，在双向的交流中深入浅出地解读食品安全知识。

《舌尖上的安全》在前期的编导及后期的编写工作中得到尊敬的陈君石院士、王陇德院士、庞国芳院士、孙宝国院士、岳国君院士、钟南山院士、朱蓓薇院士、吴清平院士在专业知识方面给予的指导和帮助，谨此对他们致以衷心的感谢。

食品安全涉及诸多学科，相关研究也在不断发展，由于作者知识面和专业水平的限制，书中难免有错漏和不妥之处，敬请专家、读者批评指正。

程景民

2018年2月

目录

2-1

山西面食文化源远流长

山西面食是汉族传统面食文化的代表之一。历史悠久，源远流长，从可考算起，已有两千年的历史了，称为“世界面食之根”。以面条为例，东汉称其为“煮饼”；魏晋则名为“汤饼”；南北朝谓“水引”；而唐朝叫其“冷淘”。面食名称推陈出新，因时因地而异，俗话说：“娇儿多宠称”，面食众多的称谓与名堂，正说明山西人对它的重视和喜爱。

山西面食种类繁多，一般家庭主妇能用小麦粉、高粱面、豆面、荞面、莜面做几十种，如刀削面、拉面、圪培面、推窝窝、灌肠等。到了厨师手里，更被做得花样翻新，目不暇接，达到了一面百样，一面百味的境界。据查，面食在山西按照制作工艺来讲，可分为蒸制面食、煮制面食、烹制面食三大类，有据可查的面食在山西就有 280 种之多，其中尤以刀削面名扬海内外，被誉为中国著名的五大面食之一。其他如大拉面、刀拨面、拨鱼、剔尖、饸饹、猫耳朵，蒸、煎、烤、炒、烩、煨、炸、烂、贴、摊、拌、蘸、烧等多种，名目繁多，让人目不暇接。“到山西旅游不尝面食，就等于没到山西。”山西面食文化传统，独树一帜，博采众长，故海内外早有“世界面食在中国，中国面食在山西”的说法。东到娘子关，西到黄河边，南到风陵渡，北到雁门关，一般家庭妇女都能以面食为原料加工数种面食，许多山西汉子有时在客人面前也会显露一手面食绝活，形成了有别于其他地区的特殊的面食文化。真诚地欢迎海内外的朋友来山西做客，尝一尝山西的面食，一饱口福。今天，就让我来聊一聊山西的面食。

程老师，我们都知道咱们山西的面食文化是很深厚久远的，据今已有两千年的历史了，被称为“世界面食之根”。

是的，山西的面食文化，独树一帜，又博采众长，海内外早有“世界面食在中国，中国面食在山西”的说法。东到娘子关，西到黄河边，南到风陵渡，北到雁门关，我们山西的许多家庭妇女都能以面食为原料制作数十种面食，像刀削面、剔尖儿、猫耳朵、饸饹、拉面等。有句话说得好：“来山西不尝一下山西面食，就别说来过山西。”

程老师，我想知道，为什么我们山西人这么爱吃面呢，与地理环境和生活习惯有关吗?

山西地处黄河中游，是世界上最早最大的农业起源中心之一，也是中国面食文化的发祥地。饮食文化，应该说是人类社会发展和进步的一个标志，是历史发展的必然过程。山西的饮食文化以面食文化为主，是诸多因素共同作用而形成的，其中融入了山西历史的、自然的以及商业的精神财富。

那是什么时候咱们的面食开始盛行的呢?

面食的出现，最迟也在汉代之前，至今已有 2000 多年的历史，在汉代，随着石磨的广泛使用，面食已经大量出现，据史料记载，面食在汉代已经是上至皇宫，下至百姓

的普遍性食品。宋代开始，面食发生变化，有了炒、燠（即是焖）、煎等方式，而且还在面中加入或荤或素的浇头。到明代，面食的制作就已经很精美了。明代程敏政在《傅家面食行》诗中有句云："美如甘酥色莹雪，一匙入口心神融"，对山西面食大加赞赏。经过历朝历代的演变，山西面食整合了诸多地区的面食特点，形成了今天的山西面食文化。

在汉代，上至皇宫下至百姓都会吃面食，那说明在当时面食就已经很普遍了。说明我们的面食文化至少从汉代就开始了，后来又逐渐发展到现在。

是的。任何社会或者说地域，它的基本生存谋食方式，是由环境、气候变化、动植物生长等因素长期性变异现象所决定的，既要与环境中的气候、土质、水利资源等自然因素相适应，又要与环境中的社会群体情势相适应。另一方面，基本生存谋食方式对环境也有巨大影响，通过对环境的不同开发模式，促进了自然环境区域出现变化。

其实，就是我们常说的那句话：人和自然是相互作用的。我们山西是地处黄土高原，气候算是比较干旱的，适合种植小麦、玉米和高粱这些作物。

山西地处内陆高原山区，属于季风大陆性气候，大小旱灾比较多，像老话说的："十年九旱"。山西除汾河两岸外，大多为山区，适宜耐旱五谷生长。历史上，交通又不发达，自给自足的自然经济特别明显。在这样的条件下，取材于当地所产小麦、玉米、高粱、谷子等杂粮，限定了饮食向着面食文化模式发展。

嗯，这样的气候条件、地理因素限定了我们只能自给自足，靠山吃山，靠水吃水。

是的，而且面食文化模式不断发展也促进了农业种植向杂粮种植发展。再者，山西中北部地处高寒之地，对饮食的要求自然是温热型，且食用方便。面食恰好符合这一要求。它集主食、副食于一碗之内，边吃边添加，各随其便，亦不必拘于饮食礼仪，饭间也费时不多，忙时稠、闲时稀，也很节约，并不断在人们的努力探索之下花样百出，形成了有别于其他地区的特殊的面食文化。

确实是。一种文化的形成，肯定是有它的历史渊源的。程老师，我们知道了，咱们山西面食文化的形成是跟历史、气候和地理条件等因素有关的，后来经过一代代山西人传承至今的。

是的，任何一种文化，如果缺少了群众的广泛参与，很难形成气候。山西面食最大的人文因素是百姓的普遍参与性。山西任何一个地区的百姓，特别是农家妇女，都能做一手漂亮的面食。看起来非常单一的面食，尤其是在物资匮乏的过去，在勤劳智慧的农家妇女手里，竟变得多姿多味，通过煮、蒸、炸、烤等手段，把单调繁琐的家务，变成了艺术的创作。

是的，正是由于有了广泛的群众性，才产生了我们现在所看到的精彩绝伦

的制作技术和品种，以致形成了独特的面食文化。我记得去年的时候，山西太原举办了 2016 中国（山西）食品餐饮旅游博览会还是首届中国山西面食文化节（图 1-1），咱们栏目组还在活动现场设立了展位，进行我们食品安全的宣传。当时现场有各种山西面食的展示，吸引了不少吃货们去现场。

图 1-1　2016 中国（山西）食品餐饮旅游博览会
暨首届中国山西面食文化节现场

是的。咱们山西的面食不仅在全国闻名，甚至走出了国门，这不仅让身在海外的游子可以吃到家乡的味道，更是一种文化的交流。

是的，山西面食文化源远流长，需要我们去不断地发扬传承，更需要去探索和创新。今天我们和程老师探讨了山西面食文化的起源，在明天的节目中，我们将和大家一起聊一聊几种有名的山西面食。

2-2

山西面食文化之特色面食

今天还是要和大家聊聊咱们的山西面食，上一期我们知道了山西面食的起源，为什么山西人喜欢吃面食，想必大家都有所了解了。这期让我们一起走进山西，看一下山西的特色面食。山西面食种类繁多，蒸制面食品种繁多。玉米面窝窝是过去最普通的主食，晋南晋中一带产麦区则多吃馒头。馒头分为花卷、刀切馍、圆馍、石榴馍、枣馍、麦芽馍、硬面馍等。杂粮蒸食有晋北晋中吕梁的莜面烤佬佬，忻州五台原平的高粱面鱼鱼，另外还有包子、烧麦等。山西煮制面食品种丰富，制作多样，大体可分为 50 余种，如细如发丝的拉面，形似柳叶的削面，游龙戏水的一根面等。制作方法有擀、拉、拨、削、压、擦、揪、抿等几十种，所用原料除小麦面外，还有高粱面、豆面、玉米面、荞麦面、莜麦面等，调料上至鸡、鸭、鱼肉、海鲜，下至油、盐、酱、醋，不一而足，所以山西面食有“一样面百样做，一样面百样吃”的历史。到山西做客一年 365 天，可以品尝到天天不重样的丰富美味的面食。烹制面食中，有很多各具特色、别有风味的手工煮食，如猫耳朵、小擨片、捻鱼、豆面流尖、煮花塔。除此之外山西面食还有煎烤制面食，如烙饼、煎饼、锅贴、水煎包、焖面、焖饼等，还有炸制类食品，如麻花、油糕。

程老师，咱们今天还是要和大家聊聊咱们的山西面食，上一期我们知道了山西面食的起源，为什么咱们山西这么喜欢面食，是有一定历史原因的。

是的，山西人对于面食的喜爱已经到了“不可一日无此君”的地步，现在正值春节，那家家户户各种面食更是精彩纷呈。

程老师，我想问您，过年除了饺子，您最喜欢吃什么？

其实我最喜欢的还是自己家做的一碗面，炒点西红柿酱，炒个茄子，既简单又美味，只是可能吃面条，年味儿弱一点。

说到我们山西的面食种类，应该有数百种吧。像大同的刀削面、太原的剔尖儿、晋南的饸烙面等等。

对，即使在山西，每一个地方的面食种类也是有差异的。就比如您刚才说的刀削面，刀削面是名声最大的山西面食，它和北京的炸酱面、四川的担担面、湖北的热干面以及山东伊府面，并称为中国五大面食（图 2-1）。刀削面全凭刀削，用刀削出的面叶，中厚边薄，入口外滑内筋，越嚼越香。在山西各地的刀削面中，最出名的莫过于大同的刀削面。

图 2-1　中国五大面食

是的，大同的刀削面确实比较独特。程老师，您说这古人是如何想出刀削面这样的做法呢？

关于刀削面，民间有这样一个故事：相传，蒙古人建立元朝后，为了防止百姓“造反”，把家家户户的金属器具全部没收了，就连做饭用的菜刀也收走了，只留下一把让每家每户轮流使用。有一天，有位老太爷已经把面和好了，等着用刀，但当他去别人家拿菜刀时，别人正用着。老太爷在回家的路上脚下踢到一块薄铁片，就把它捡起，用它在锅边“砍”面，一片片面叶落入锅内，煮熟后捞到碗里，浇上卤汁让老伴先吃，老伴边吃边叫好，称以后不用再去取刀切面了。这样一传十，十传百，传遍了三晋大地。

程老师，这老太爷太聪明了，一个简单的尝试，便创造了一种刀削面文化。我相信在我们每一个山西人的记忆里，总会那么一种或者几种面食能勾起很多回忆。

是啊，那勾起你回忆的面食是什么呢？

我最喜欢吃的就是猫耳朵，我记得小时候我妈妈在厨房搓这个猫耳朵，我就站在旁边，眼巴巴地看着。吃得时候还要数一数今天吃了几个，很有意思。我还记得有一次我大学同学来我家，我说今天让你尝尝我妈的手艺，咱们吃猫耳朵，顿时就把我同学吓坏了。

哈哈哈，是嘛。猫耳朵并非如名字所说用猫耳制成，只是因形似猫耳而得名。是晋中、晋北地区流行的一种风味美食，它吃着筋滑利口，制作也很简便。猫耳朵随乡就俗，能用多种面粉制作，也能浇各种卤汁。在晋中一带，人们用白面、高粱面制作；在雁北、忻县高寒地区，人们用莜面、荞面制作，叫“碾疙瘩”。尤其是莜面制作柔软，还能碾推成花纹、触须等式样，更使这种面食形象多彩多姿。在中国华北地区，猫耳朵大多像其他面食一样作为主食，而在南方地区多作为点心和小吃食用。有意思的是，猫耳朵特别像意大利的一种做成贝壳形的通心粉。据说意大利的这种出品，就是马可波罗从中国学会了捏猫耳朵，回去以后仿制的，后来便由机器生产了。

哈哈。程老师，其实我觉得咱们山西晋北、晋中、晋南的面食文化和习惯还是有差别的。您看我们聊了晋北的刀削面，聊了晋中的猫耳朵，那晋南又有什么特色面食呢？

说到晋南的面食，我想提的是饸饹面。

饸饹面我知道，就是咱们平常吃大盘鸡的时候，里面的那种面。那种面很好吃，又筋道，很有嚼劲。

饸饹面的制作很有特点，它的制作要借助一种工具，叫饸饹床子。制作者用饸饹床子把和好的荞麦面、高粱面，现多用小麦面放在饸饹床子里。并坐在杠杆上直接把面挤轧成长条在锅里煮着吃。山西曲沃的饸饹面起源较早，在运城，临汾，晋城一带大街小巷随处可见饸饹面馆，当地人开玩笑说，曲沃饸饹面可以申请“物质文化遗产”，可见当地人们喜爱饸饹程度。河南郏县饸饹面也是远近闻名，与山西曲沃饸饹面相近。清末时，以小麦面代替荞麦面，口感营养更胜一筹。

程老师，您看我们聊了晋北的刀削面、晋中的猫耳朵还有晋南的饸饹面，都是比较有特色的山西面食，其实山西的面食还有很多很多，我们估计说上三天三夜也说不完。

是的，不管是哪种面食，其实都是我们先人智慧的结晶，更是代表了劳动人民的一种创新的精神。

是的，今天我们跟大家聊了山西比较有代表性的三种面食，相信电视机前的您是不是想马上制作一番了呢？关注食品安全，我们是认真的。做面食，原料面粉很重要，我们在下期将要和大家聊一聊面粉的那点儿事。好的，非常感谢程老师。

山西面食文化之面粉

面粉是一种由小麦磨成的粉末。按面粉中蛋白质含量的多少，可以分为高筋面粉、中筋面粉、低筋面粉及无筋面粉。面粉（小麦粉）是中国北方大部分地区的主食。以面粉制成的食物品种繁多，花样百出，风味迥异。面粉的原料小麦麦粒主要由三部分组成：麦麸包裹在外约占粒重的 18% ~ 25%；麦粒赖以发芽的麦胚只占 1% ~ 2%；胚乳约占 80%。胚乳与麦麸之间还有糊粉层粘连。麦粒经过制粉工艺加工使麦麸、麦胚和胚乳分离并将胚乳磨细制成人们食用的面粉。面粉加工是物理分离过程并不改变其性质。从影响面粉食用品质的因素来看蛋白质含量和品质是决定其食用品质、加工品质和市场价值的最重要的因素。例如制作面包就要用高筋小麦粉以求面包体积大口感好；制作面条、水饺就要用中强筋小麦粉以求其筋道、爽滑；而用低筋小麦粉制成的蛋糕松软、饼干酥脆。可见随着食品工业化生产的发展各种专用面粉的需求越来越高而其决定性因素就是面粉的“蛋白质含量和质量”。不同的面食所使用的面粉也不一样。最近在网上经常看到，有人往小麦粉里添加增白剂，使面粉看起来更白，容易售卖。面粉增白剂是国家允许使用的食品添加剂吗？下面就让我们来了解下山西面食文化之面粉以及跟着我们程老师来了解增白剂和挑选面粉的妙招。

程老师，我们知道做好一道美食，原材料起着至关重要的作用，新鲜与否，安全与否，都是制作者重点考虑的。

是的。

说起我们的山西面食，我们知道面粉是最主要的原材料。

是的。我们制作面食的原材料主要有小麦粉、高粱面、豆面、荞面，莜面、玉米面等。而一般最主要的是小麦粉。近几年来，随着食品加工业的发展和国内居民饮食结构的变化，城乡居民对面粉的需求呈现多样化、专用化的趋势，你去逛超市的时候，你会看见面粉包装上写着饺子专用、油条专用、手抓饼专用等。

是的，我也发现了。程老师，这个专用面粉和普通面粉有什么区别呢？从售价上看，专用面粉要比普通面粉更贵。

随着食品工业化生产的发展各种专用面粉的需求越来越高而其决定性因素就是面粉的“蛋白质含量和质量”。按面粉中蛋白质含量的多少，可以把面粉分为高筋粉、中筋粉、低筋粉。高筋粉的蛋白质含量为10.5%～13.5%，适用于制作面包等；中筋粉的蛋白质含量为8.0%～10.5%，适用于制作面条、点心等；低筋粉的蛋白质含量为6.5%～8.5%，适用于制作点心、菜肴等。

原来可以看面粉的蛋白质含量来选择做适合的食物。那我们一般的面食，用中筋粉就可以了。

选择面粉的时候，我们所要得到的信息是高筋粉、中筋粉和低筋粉等不同产品的分类或者表示面粉纯度的等级，以及矿物质、粗蛋白等含量的表示。很多人在购买面粉的时候会误以为“高筋面粉 = 高精面粉”，其实“高精”的意思简单说就是高级精制，它只表示小麦的加工工艺，并不能说明面粉的筋度，所以“高级精制”的可能是高筋面粉，也可能是低筋面粉（图 3-1）。由此看来，“高精”的说法其实是不科学的，至少不是行业标准用语，所以，建议在选购面粉时，应该注意的是其蛋白质含量，即筋度，而非“高级精制”。

图 3-1　高筋面粉不同于高精面粉

电视机前的您记住了吗？我们在购买面粉的时候要去关注的是面粉的蛋白质含量。程老师，最近我在网上看到，有人往小麦粉里添加增白剂，使面粉看起来更白，容易售卖。这个面粉增白剂是国家允许使用的食品添加剂吗？

你说的这个面粉增白剂，它的有效成分是过氧化苯甲酰（BPO），主要作为合成树脂的引发剂，面粉、油脂、蜡的漂白剂，化妆品助剂，橡胶硫化剂。

面粉的增白剂？这么说它是国家允许使用的了。

目前，对过氧化苯甲酰的研究和定义处于一个两难的境地。首先过氧化苯甲酰对面粉的漂白和防腐确实有积极的作用，但是也有研究认为它对人体有一定的负面作用，对上呼吸道有刺激性，对皮肤有强烈的刺激及致敏作用，进入眼内可造成损害。2011 年 3 月，原卫生部联合工业和信息化部等七部门联合发布公告，撤销过氧化苯甲酰和过氧化钙作为食品添加剂。

您的意思是它原来是国家允许使用的食品添加剂，后来又被撤销了？

对的。随着中国小麦品种改良和面粉加工工艺水平的提高，现有的加工工艺能够满足面粉白度的需要，很多面粉加工企业已不再使用过氧化苯甲酰。中国粮食主管部门经过调查研究提出，中国面粉加工业已无使用过氧化苯甲酰的必要性，同时中国消费者普遍要求小麦粉保持其原有的色、香、味和营养成分，追求自然健康，尽量减少添加剂的摄入。

那我们的消费者势必会担心一些商家会过量加入这种过氧化苯甲酰。

关于认为“面粉中过氧化苯甲酰超标事件时有发生；添加剂和面粉均为粉末，易结团，很难保证和面粉混合均匀，是重大卫生安全隐患（图 3-2）。”可以说是对面粉添加剂的使用技术不了解。

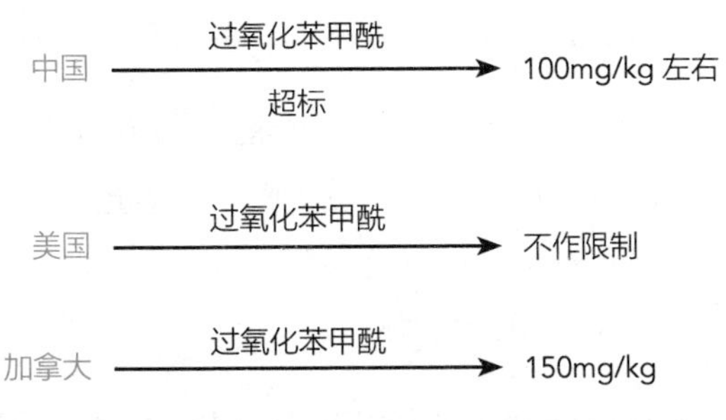

图 3-2　各个国家对于面粉中过氧化苯甲酰的限量标准

程老师，面食是我们山西的主食，而面粉又是制作面食的主要食材，那我们在去购买面粉的时候，应该如何去选择呢？

在这里我教大家一些挑选面粉的妙招：

一看。首先要在正规的市场购买，如大型超市。像购买所有商品一样，看包装上的内容，包括包装上的生产厂家、生产日期、保质期、质量等级等，最好选择标明不加增白剂的面粉。到家后，要看面粉颜色：面粉的自然色泽为乳白色或淡黄色，颜色纯白或发暗可能是由于过量使用增白剂。

二闻。

就是闻闻这个面粉有没有麦香味？

对，如果有异味，则可能是添加增白剂过量或者面粉超过了保质期。

三捏。符合国家标准的面粉手感绵软，均匀。抓一把面粉捏在手心，松手后面粉随之散开，这是水分含量达标的好面粉，若面粉结团不散，说明水分超标，容易在储存时变质。

四尝。可以将一点干面粉放在嘴里尝一尝，好面粉应口感细腻，如果有异物感，说明面粉含砂量高。

面粉在山西可以说是每天都必不可少的食材了，相信通过今天程老师讲解，我们也了解了如何去挑选优质合适的面粉了。再次感谢程老师做客我们的演播室。

2-4

谷物中的砷

谷类作为中国人的传统饮食，几千年来一直是老百姓餐桌上不可缺少的食物之一，在我国的膳食中占有重要的地位，被当作传统的主食。美国食品安全新闻网（Food Safety News）近期报道，美国 FDA 发布了关于谷物中砷含量的调查报告。报告显示，在美国市场上售卖的大米中，印度香米和巴基斯坦寿司米的砷含量只有其他谷物平均值的一半，而糯米和白米的砷含量比其他谷物多 80%，有机大米的砷含量并不比普通大米少。除此之外，砷含量最低的谷物是燕麦、荞麦、大麦和小米。

说到砷，大家可能会感到陌生，但如果说砒霜，大家恐怕很容易就想到它是一种毒药。砷能够通过土壤和水被吸收，在谷物、水果、蔬菜、鱼类及海产品等食物中普遍存在。同其他作物相比，水稻更易于从土壤和水中吸收、积累砷。相比其他农产品，大米中的无机砷含量是玉米和小麦的 10 倍，是黄瓜和西红柿的 30 倍，是大豆的 100 倍。美国研究数据表明，大米中无机砷的含量随着不同的大米种类及产地变化很大。

那么今天，我们就共同来探讨一下，谷物食品中的砷究竟是怎么回事呢？

老百姓的一日三餐大都离不开谷物，今天我们一起来聊一聊“谷物食品中的砷”。程老师，先给大家简单说说砷吧。

首先大家要对砷有基本的了解。砷在水、食品、空气及土壤中广泛存在。其实，砷是一种源于自然和人类活动而存在于环境中的化学元素，石头、土壤、水和空气中都含有微量的砷。砷分为有机砷和无机砷（统称为总砷），研究表明，适量的砷有助于血红蛋白的合成，能够促进人体的生长发育。动物实验也表明，砷缺乏会抑制生长，生殖也会出现异常。如果砷和其他元素共同存在，比如碳或其他化合物等，就是所谓的“有机砷”，危险性要小得多。海产品中就存在大量的非毒性的砷化合物。

但要注意的是，食物中的砷是否是有机的与食品本身是否是有机食品无关，有机食物中可能含有各个种类的砷。而无机砷与人体健康的长期影响存在密切关系，已被国际癌症研究所列入一类致癌物。日常生活中，人们可能通过食物、水源、大气摄入砷（图4-1）。

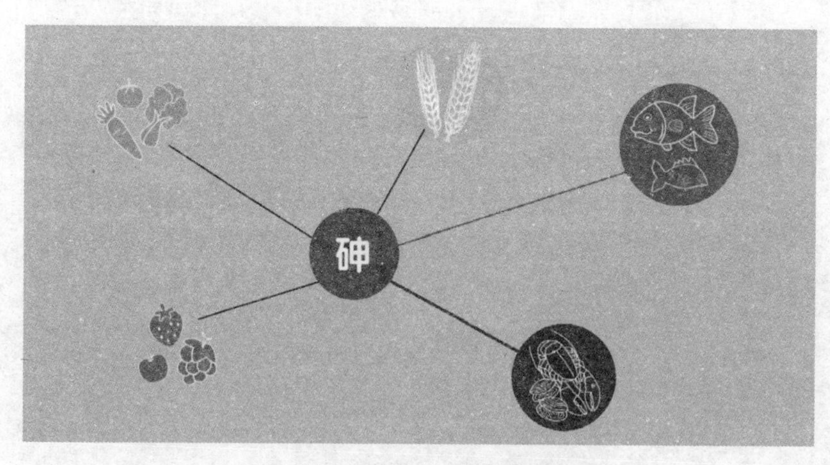

图4-1　含有砷的食物

一类致癌物？什么是一类致癌物呢？

一类致癌物是有充足人类流行病学证据的致癌物，也就是对人体有明确致癌性的物质或混合物。如黄曲霉毒素、砒霜、石棉、六价铬、二噁英、甲醛、酒精饮料、烟草、槟榔以及加工肉类。

看来这个问题比较严重啊，那不就是说我们每天都会摄入砷。可是，我们食物中怎么会含有砷呢？

是这样的，食物中的砷是普遍存在的。砷能够通过土壤和水被吸收，在谷物、水果、蔬菜、鱼类及海产品等食物中普遍存在。和其他作物相比，水稻更容易从土壤和水中吸收、积累砷。相比其他农产品，大米中的无机砷含量是玉米和小麦的 10 倍，是黄瓜和西红柿的 30 倍，是大豆的 100 倍。美国研究数据表明，大米中无机砷的含量随着不同的大米种类及产地变化很大。但是大家不要担心，只要砷含量在相关范围内就不会对人体健康产生伤害。

看来还是涉及量的问题，那么不少人还是会担心我们平时吃的大米砷含量怎么会这么高呢？具体的相关标准又是多少呢？

我国对大米中砷含量是十分重视的。大家也许不知道，大米砷限量的国际标准就是由我国牵头制定的。我国早在 1994 年就开始对大米中的各项污染物制定限量标准，当时的仪器还无法将无机砷和有机砷分开测量，标准只能定为总砷不超过 0.7mg/kg。2005 年颁布的《食品中污染物限量》首次明确了无机砷的限量标准为 0.15mg/kg。2014 年国际食品法典委员会会议通过了由中国牵头修订的大米无机砷限量国际标准，限量值为 0.2mg/kg。

原来我国对大米中砷含量这么重视，那其他谷物产品也有相关的标准吗？毕竟现在市场上的谷物类产品有很多。

是的，我国《食品安全国家标准食品中污染物限量》中对谷物及其谷物碾磨加工品、糙米及大米、婴幼儿谷物辅助食品（添加藻类的除外）、添加藻类的婴幼儿谷物辅助食品等食品中的无机砷限量均做了明确要求，只要相关产品符合国家标准，对人体健康就不会造成产生危害。2014 年以来，国家食品药品监督管理总局食品安全监督抽检计划共抽检了 7438 批次粮食及其制品，其中大米及其制品就包括了 3525 批次，都没有发现砷超标的产品。

有人说中国对食品中砷含量的安全标准太宽，与国外的标准相差几百倍，这是真的吗？

具体事实是什么，让我们来看真实数据的比较。婴儿食品中砷元素的含量，国际上常用的是世界卫生组织（WHO）的标准。1988 年联合国粮农组织和世界卫生组织的食品添加剂联合专家组（The Joint FAO/WHO Expert Committee on Food Additives，JECFA）颁布了关于无机砷摄入量的临时标准：每周（7 天）最多不超过每 kg 体重 15μg，这就相当于每天每 kg 体重 2.14μg。也就是说，人体可以承受的砷含量是与人的体重相关的。体重每增加 1kg，每天可以承受的无机砷的摄入量就增加 2.14μg。欧盟没有制定单独的标准，所以大部分欧洲国家也都采用 WHO 的标准。

我们假设有一个六个月大的婴儿，按照各品牌推荐的用量食用米粉。看看分别在 WHO 标准和中国标准之下，婴儿每天摄入的无机砷最高会在什么范围内。根据网络资料，六个月婴儿的平均体重是：男婴 8.22kg，女婴 7.62kg。这里我们按较轻的 7.62kg 计算。而关于婴儿米粉的食用量，对于六个月大小的婴儿，每天推荐 1 ~ 2 餐（相当于 25 ~ 50g，取最大量 50g）。目前市面上绝大多数米粉都是不含藻类的，因此我们按照国家标准中规定的无机砷含量最大为 200μg/kg 来计算，可以得到以下结果：

· 按照 WHO 标准，婴儿每天摄入的砷不得超过 16.3μg。
· 按照中国标准，婴儿每天从米粉中摄入的砷不得超过 10μg。

两者相比，中国这边甚至还更低。

如果是一岁左右的婴儿呢？这个年龄段的婴儿平均体重为：男婴 9.66kg，女婴 9.04kg。米粉推荐食用量为每天 2 ~ 3 餐。按 WHO 标准计算，婴儿每天可承受的砷含量为 19.3μg；按中国标准计算，婴儿从米粉中摄入的砷含量最大为 15μg。还是中国的标准严格。

要说明的是，我们这里说的“安全标准”，是允许范围内的“最大值”，实际产品，特别是一些添加了不同口味其他食物的产品，含砷量远不会达到这么高。

而且，最重要的是，由于砷主要涉及的食品是水稻，而水稻在西方并不是主食，因此在食品中的砷含量限制方面，西方远不如以水稻为主食的中国严格。

安全提示

我国对于砷含量限制有严格规定，消费者只要适量食用，不会有安全隐患。

原来是这样，所以我国的谷物产品是有保障的，大家可以放心食用了。下面请程老师来给我们提一些小建议，好让大家在今后的谷物食用过程中多加注意。

好的，每种砷化合物都有自己独特的化学、物理和毒物属性，化合物中含有砷并不代表它一定有毒。但是大米、葡萄酒和果汁中确实含有无机砷，这是我们应该注意的。所以，首先消费者还是要有个底线，就是适度地摄入任何食物和饮料。注意均衡饮食，防止因偏食过量摄入砷。同时及时关注监管部门发布的抽检信息公告，避免食用砷含量检验不合格的食品。其次就是食品生产经营者要严格遵守有关法律法规和标准等有关规定和要求，确保所生产经营的食品砷含量检验合格。还有，应对成人和儿童在各类食品能够摄入的砷分别进行限制，因为儿童的神经系统对毒性的抵抗能力很弱，一块小的年糕几乎就是一个儿童一周能摄入的砷含量。加拿大卫生部去年也将果汁中砷含量的限定修改为10ppb，因为果汁的主要消费群体为儿童。总之，消费者对待谷物产品中的砷不必要人心惶惶，适度、适量最重要。

好的，观众朋友们，我国的谷物产品是可以放心食用的，但您最好在日常生活中多加注意，避免偏食，从而保障您的饮食健康，食品安全问题切莫忽视。今天的讨论就到这里了，非常感谢程老师，帮助我们大家了解了有关谷物中砷奥秘，谢谢！

2-5

食用油会致癌?

全球食用油消费主要以植物油为主。按世界 10 种主要食用油的国家消费量排序依次是,第一位中国,第二位印度,第三位美国。这一顺序与人口排位相一致,人口是决定消费量的首要因素。中国是食用油消费大国,同时也是世界油料生产大国,菜籽、花生、棉籽、芝麻的产量均居世界第一位,大豆、葵花籽的生产也是名列前茅。

食用油是膳食必需营养素之一,也是人体能量的重要来源。近几年,我国食用油生产、加工、贸易迅速发展,国内外食用油脂产品市场竞争日益激烈。2014 年 11 月 26 日,中国食品科技学会组织多位国内食用油脂行业的权威专家、十余位媒体代表针对我国食用油产业发展、食用油营养、煎炸油安全等问题进行了讨论交流。

国家食药监总局日也在 2014 年对食用油有专项检查,显示总局抽检食用植物油 8806 批次,不合格样品 201 批次,不合格检出率为 2.3%;地方食品安全监管部门共抽检食用植物油 16 271 批次,检出不合格样品 362 批次,不合格检出率为 2.2%。问题主要是苯并[α]芘、酸值、黄曲霉素 B_1、过氧化值、极性组分、溶剂残留量等。从数据上看,2% 左右的不合格率表明我国食用油总体处于良好态势。

食用油是日常生活的必需品之一。随着人们的消费观念也从“吃饱”到吃“精细”再到“吃出健康、吃得安全”不断转变,对食用油的食用也提出了更高的要求,要学会健康的饮食。

食用油可谓做饭必不可少的原料，油炸食品也是很多年轻人的最爱，现在市场上的食用油品种层出不穷，先给大家简单介绍一下食用油吧！

食用油也称为“食油”，是指在制作食品过程中使用的动物或者植物油脂。食用油是由脂肪酸组成的，脂肪酸大体分为饱和与不饱和两大类。不饱和脂肪酸又可分为单不饱和与多不饱和脂肪酸，在多不饱和脂肪酸中有两种脂肪酸只能从食物中来，而不能在动物和人体内合成，称为必需脂肪酸，这两种为亚油酸和亚麻酸。

从食用油的来源来分类，食用油又可分为动物油和植物油。动物油主要含有饱和脂肪酸和胆固醇，大量摄入动物油可升高血浆的胆固醇而增加心血管疾病和某些肿瘤的发生，如动脉粥样硬化或直肠癌等。植物油主要含有单不饱和和多不饱和脂肪酸。食用含单不饱和与多不饱和脂肪酸的植物油（图 5-1），有助于减少心血管疾病或其他疾病。不同油脂含不同的脂肪酸或其他营养成分，从营养的角度来说，单一食用某一油脂，并非有益。营养专家目前建议膳食中的饱和：单不饱和：多不饱和脂肪酸的比值最好为 1：1：1，这样需食用几种不同种类的油。

图 5-1　超市售卖的橄榄油

那怎么把食用油既能吃出美味又能吃出健康呢？

首先，我们来谈谈食用油的摄入量，因为适度是很重要的。联合国粮农组织（FAO）、美国膳食营养参考摄入量（DRI）专家委员会和医学研究所以及日本的DRI委员会等对膳食脂肪、主要膳食脂肪酸、反式脂肪酸等的适宜摄入量均提出了推荐值。我国也有相应的要求，对于我国成年人（18～59岁）、老年人（≥65岁）、孕妇及哺乳期妇女的膳食脂肪适宜摄入量均推荐为膳食总能量的20%～30%，推荐膳食饱和脂肪酸适宜摄入量为13～59岁人群 <10%，60岁以上老年人在6%～8%，建议膳食中来源于工业加工中产生的反式脂肪酸摄入量不超过膳食总能量的1%。

安全提示

针对食用油，应倡导健康的食用方法，要对食用油的“量”进行适当控制。

我想大多数人都喜欢吃油炸食品，如炸薯条、炸馒头片、炸油饼等，但我看到网络上说；如果长期食用油炸食品，可能会致癌，这太可怕了。这么多人都喜欢吃油炸食品，那么，煎炸过程到底对油脂品质有哪些影响？

不同食物对油脂品质的影响不同，以棕榈起酥油为例，42℃下煎炸海鲜类产品时其品质劣变速度最快，其次是鸡类产品，最后是薯类产品；正确的过滤能更好地保障煎炸油的煎炸品质，混滤对煎炸油品质有影响，不同类产品应分开过滤；炸制量对煎炸过程中的油脂品质无显著影响。

现在随着生活水平不断提高，很多人都追求“私人定制”，那么，“私人定制”的食用油也应运而生，部分消费者直接跟油坊定制，这种追求土法或者是原生态的油脂压榨，真的更天然安全吗？

部分消费者追求土法或者是原生态的油脂压榨，甚至直接跟油坊定制，认为更天然。中国幅员辽阔，不同区域分布着不同的油脂加工原料，长期以来也催生出了很多传统的、原生态的油脂初榨技术。初榨对于保持油脂的原生态的营养成分有益，然而对于重金属、农药残留等污染物的控制不够。即便低温压榨，同样需要对原料、加工过程以及产品质量进行有效控制。所以，对于原生态的压榨方法生产出来的食用油，只有在符合我国相关标准的前提下，才能真正保证天然与安全并存。

而对于所谓的“土榨油”，在生产工艺和监管上的缺陷体现得尤为突出。土榨油加工者往往选择价格较低的陈放原料，增加了污染和霉变风险，加工中则根据经验进行，缺乏规范化操作流程。更为重要的是，土榨油缺乏正规食用油生产中的过滤、除臭、脱酸等精炼程序，混有较多杂质。虽然这些杂质带来了土榨油所谓“香”的感觉，代价却是增加了有害物摄入的风险。此外，土榨油加工点常常是临时性的，一旦出现问题，难以追究其责任。

安全提示

土法生产的食用油，只有在符合我国相关标准的前提下，才能真正保证天然与安全并存。

对正规企业来说，原料选择、加工工艺和后期处理等环节有较为规范和成熟的技术和管理体系，所受到的多方面监管也保证了产品能最大限度符合国家标准。退一步来说，即使出现不合格，也能做到有效追溯和处理。而小企业、小作坊由于生产成本制约，加工工艺水平差，更容易出现问题，小规模的生产模式，监管通常无法充分到位，又失去了一道质量保证。

总而言之，分散的、无规范的小规模生产，或是传统“土法”，无法保证食用油的安全性。作为消费者需要掌握好一条，就是避免小企业、小作坊的产品，尤其是所谓的“土榨油”。

好多老百姓都说油是越贵越好，确实是这样的吗？

食用油并不是越贵越好，油的价格高与生产油的原料有关系，与其自身营养价值没有必然联系，消费者要根据自身特点选择选“对的”油，不一定要选“贵的”油。油脂最基本的功能之一就是提供能量。而对于健康而言，油脂的另一个重要功能是提供人体代谢所需要的必需脂肪酸。针对不同地域、不同年龄段的人群应提供适合其健康需要的食用油，欧美等发达国家有专门给高血压、糖尿病病人研制的食用油。这对于食品工业带来的最大挑战就是食用油结构的调整，通过食用油的精细化生产，保证食用油的营养平衡将成为我国食用油工业未来努力发展的方向。

安全提示

食用油并不是越贵越好，要选择适合自己的。

好的，观众朋友们一定要记住啊。节目的最后，能不能给大家提点建议，食用油用于煎炸时应该注意些什么？

首先，我们建议大家选择热稳定性好、适合油炸加工的食用油脂，棕榈油以及调和油是较佳煎炸油的选择。还有要避免烹炸油温过高（推荐不超过 190℃），学会定期过滤在用油，去除食物残渣。其次，要选择良好的排油烟设施，更要学会定期清洁烹炸设备。我国国内贸易行业标准《餐饮业食物烹炸操作规范》中推荐采用有加热温度控制的专用烹炸设备设施。然后，对于餐饮行业应该经常检查在用油的品质，影响煎炸油品质的因素很多，需要科学的管理制度和监控手段，而不只是仅用煎炸“天数”来控制。最后我要说的是，我国对于煎炸过程的管理是全球较严格的国家之一，我国油脂管理以及相应法规建设也正趋于国际化、专业化。

看来这食用油也是需要在日常生活中多加注意，学会保障您的饮食健康，食品安全问题切莫忽视！今天的讨论就到这里了，谢谢程老师为我们大家解读了有关食用油的知识。

2-6

食用油，你不知道的那些事儿（一）

“土法压榨油”是一种古老的榨油方法。《舌尖上的中国》第二季第二集一开始就展示了来自徽州的土法榨油，其描述画面精致生动，让观众再次被中华民族传统文化的魅力深深吸引。而且一些土榨油大多打着“无添加”“纯天然”等旗号，颇受消费者青睐。但是，早在 2015 年的《检察日报》报道中显示，广东省茂名市电白区检察院 2014 年共受理公安机关移送审查起诉的生产、销售不符合安全标准的食品案件有 12 件，其中 10 件都是镇（街）传统小作坊生产、销售黄曲霉毒素 B_1 超标的花生油。

事实上，小作坊土法压榨的花生油存在安全隐患早已不是新鲜事，屡遭媒体曝光。南方日报就曾在“头版曝光”栏目刊发报道，曝光了广东省茂名、阳江、云浮、湛江、肇庆等地市部分小作坊抽检的散装花生油黄曲霉毒素 B_1 超标问题，其中检出情况最严重的超标竟达到 14.5 倍。

现在市场上出现了各种小型家用榨油机，自家榨油也悄然流行。这种榨油机形态如一台电饭煲一般大小，插上电放入花生、芝麻、核桃等不同原料，按下开关就可榨出不同类型的油，操作十分简单，清洗也容易，只需徒手拆下冲冲水即可。果汁自己榨，豆浆自己打，那么每日吃的油，自己可以解决吗？

“土法压榨油”或“自家榨油”是否真的纯天然又健康呢？我们该如何选择购买食用油呢？本期节目，让我们听听程老师的专业解答。

程老师，节目开始之前我先问您一个问题，您知道咱们老话讲的“开门七件事”是指什么吗？

是“柴米油盐酱醋茶”呗！

对！今天要聊的话题跟其中的一件有关，那就是食用油。咱们之前做过一期是关于食用油是否致癌的，今天我想跟您聊聊这个私人定制的食用油，也就是土法压榨油。本来想着这种私人订制的压榨油是安全健康的，但是我前段时间在网上看到有网友爆料说某些地方的传统小作坊生产、销售的花生油黄曲霉毒素 B_1 超标，您说这土法压榨油到底安全吗？

现在有很多土榨食用油打着“无添加”“纯天然”等旗号，消费者大多觉得“土”字号的各种产品往往都能与天然、绿色、健康与安全拉上关系，所以这类油很受消费者的青睐。其实食用油并非越“土”越健康，一些小作坊工艺简单、条件简陋，所以食用油的质量难以保障。近几年兴起的家用榨油机，它的安全性也有待进一步评估。

安全提示

食用油并非越“土”越健康。

程老师，这土法压榨的食用油的安全隐患具体是指什么呢？

现在很多制油小作坊说自己采取的是传统的土法榨油，听起来很有文化感，很有趣；但是，你有没有发现，这么“好”的油，因为它们有一个致命的弱点，就是杂质多，不安全。你可能会说：“我看了作坊主贴出的图片，他家的油料精挑细选，他家的作坊干干净净，不会有这种问题。”但是，造成“杂质多，不安全”的，不是作坊主们没有好好选择榨油原料或榨油环境不够卫生，而是小作坊往往无法对榨出的油进行“精炼”。我们经常会在油桶上看到的“一级”“二级”“三级”。同一种油，有的颜色深，有的颜色浅，其实说的都是这个问题，看你的油到底有多纯净。

确实，我经常会在油的包装上看到“精炼”的字样，那这个精炼到底是怎样一个过程呢？

“精炼”是油的生产过程中必不可少的一环，我们说的食用油的等级也和精炼有关。只有靠精炼，我们才能除去油中的微生物、毒素和其他对人体有害的物质，并保证油中的营养物质能更好地被我们的身体吸收，油的烟点更高、保存时间更长，更适用于我们的生活。

精炼的工艺很复杂，主要包括脱溶、脱胶、脱酸、脱色、脱臭、脱脂等环节。国家从油的色泽、气味、口味、透明度、含水量、杂质量、酸值、过氧化值、磷脂等几个方面评判油的品质，将油分成一级、二级、三级、四级共四个等级。其中一级的精炼程度最高，四级最低。不同级别的食用油各项成分和质量的限定值不同，在用途上也有所区别。

一级油和二级油的精炼程度较高，经过了脱胶、脱酸、脱色、脱臭等过程，具有无味、色浅、烟点高、炒菜油烟少、低温下不易凝固等特点。精炼后，一、二级油有害成分的含量较低，如菜油中的芥子苷等可被脱去，但同时也流失了很多营养成分，如大豆油中的胡萝卜素在脱色的过程中就会流失。

三级油和四级油的精炼程度较低，只经过了简单脱胶、脱酸等程序（图 6-1）。其色泽较深，烟点较低，在烹调过程中油烟大，大豆油中甚至还有较大的豆腥味。由于精炼程度低，三、四级食用油中杂质的含量较高，但同时也保留了部分胡萝卜素、叶绿素、维生素 E 等。

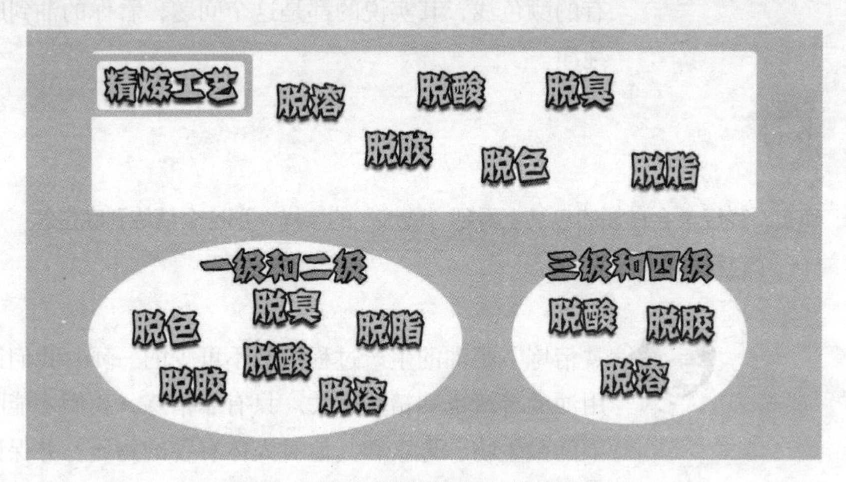

图 6-1　各个等级食用油的精炼工艺

无论是一级油还是四级油，只要其符合国家卫生标准，就不会对人体健康产生任何危害，消费者可以放心选用。一、二级油的纯度较高，杂质含量少，可用于较高温度的烹调，如炒菜等，但也不适合长时间煎炸；三、四级油不适合用来高温加热，但可用于做汤和炖菜，或用来调馅等。消费者可根据自己的烹调需要和喜好进行选择。一级油和二级油都必须经过上面说的脱溶、脱胶等全部环节，三级油和四级油也要经过脱溶、脱胶、脱酸。

国家规定，食用油必须在包装上标明自己的等级。现在，超市里的油基本上都是一级的，偶尔也能看到二级和三级的。

安全提示

精炼油比“土法榨油”或“家庭自榨”更有安全保障。

程老师，您刚刚提到了近几年兴起的家用榨油机，它的安全性也有待商榷，能给我们具体说一说吗？

近年来，市场上出现一些商家向消费者推销一些小型家用榨油机，以方便消费者自己用油料（如花生等）榨取油脂。根据现有的研究数据，这类小型家用榨油机其实并不科学，也很不安全。因为这些小型家用榨油机的技术含量并不高，只是把一些设备简单地缩小化。

油脂产品和豆浆、果汁产品不同，后两者是快速消费产品，安全考虑一般当日必须食用完。油脂产品一般每日用量有限（图6-2），家用榨油机得到的油脂产品，存储过程中可能有些指标已经超标，有潜在的安全风险。这种方式得到的原油，胶质很多，其实并不适合直接烹饪菜肴。

图 6-2 油脂与其他快速消费产品对比图

食用油加工是一项技术高度集约化的加工过程，目前食用油大企业降低黄曲霉毒素的技术、工艺和设备已经很成熟。而很多小作坊却不能保障。

安全提示

土法压榨食用油风险很高。

土法压榨食用油风险这么大，我们一定要谨慎购买。程老师，您能不能给我们的消费者在选购食用油方面一些建议呢？

我建议大家在购买食用油时，最好到大中型的正规商场购买品牌油，尽量不买散装花生油、土榨花生油。同时，消费者要留意商店的花生油是否存放在阴凉的环境内，如发现包装不清洁、已打开或破损，便不要购买。

安全提示

最好到大中型正规商场购买食用油。

关于食用油，您不知道的事还有很多，我们会在下期节目中跟大家接着一起来探讨食用油的那点儿事。好的，非常谢谢程老师。

2-7

食用油，你不知道的那些事儿（二）

市面上食用油种类繁多，除了风味不一，不同油脂的最大差别在于所含脂肪酸的种类和构成比例不同。脂肪酸是由碳、氢、氧三种元素组成的一类化合物，是中性脂肪，磷脂和糖脂的主要成分。脂肪酸分为饱和脂肪酸，多不饱和脂肪酸和单不饱和脂肪酸。饱和脂肪酸是人体疾病的罪魁祸首，如果它的含量超过 12%，就会在人体内产生脂肪积聚，因而引发高血压、高血脂、动脉硬化等严重心血管疾病；多不饱和酸中的亚油酸和亚麻酸，都是人体必需脂肪酸，它的含量必须保持小于 4：1 的黄金比例，如果比例失调，它同样会诱发心血管疾病和各类疾病；单不饱和脂肪酸对人体心、脑、肺、血管十分有益，可预防冠心病等疾病。实验证明：单不饱和脂肪酸能够降低体内饱和脂肪酸和坏胆固醇的含量，故单不饱和脂肪酸占总热量的比例是不限量的。食用油可分为五大类型：高油酸型（橄榄油、茶籽油、菜籽油），高亚油酸型（豆油、玉米油、葵花籽油、小麦胚芽油），均衡型（花生油、稻米油、芝麻油），高亚麻酸型（亚麻籽油、紫苏籽油、核桃油），饱和型（动物油、棕榈油、椰子油）。不同类型的油有不同的优势、劣势。哪种油才是真正健康的好油？哪种油才是适合自己的油？选油用油有讲究。

程老师，咱在上期节目中讨论了私人订制的土法压榨油，安全性并没有保障。今天我们继续来讨论一下食用油的那点事儿。您看啊，现在市面上的食用油种类实在是太多了，像什么大豆油、玉米油、葵花籽油、橄榄油、菜籽油、牛油、黄油……花样可真多，这下让我们很多人在选择哪种油上犯糊涂了，真不知道该怎么选油吃油才最健康。

其实啊，吃油也是一门学问，再加上市面上的食用油种类五花八门，正确的烹饪方法配上适合的油才能吃得更健康，否则的话很容易对身体造成伤害。

安全提示

正确的烹饪方法配上合适的油才能吃得健康，否则易对身体造成损害。

那程老师，您赶紧给我们普及一下，到底该怎么吃油才更健康呢？

好的，我给大家看张表（图 7-1），我们一起来看看不同的烹饪方法该搭配什么样的食用油。

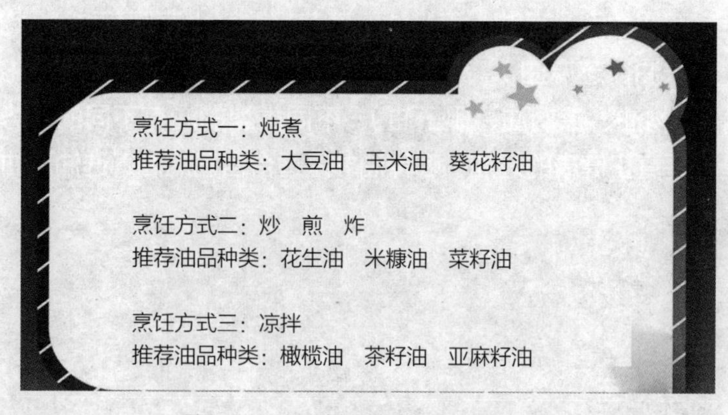

图 7-1　不同烹饪方式搭配的食用油

首先我们看一下，我们平常生活中炖煮菜的时候，大豆油、玉米油、葵花籽油等这类油是不错的选择。其中，大豆油和玉米油这两种油都是用溶剂通过浸出法获取的，其中转基因产品占很大比例。优点是：这类油中多不饱和脂肪酸含量特别高，亚油酸丰富，饱和脂肪酸非常少。不足之处是：经过精炼之后，大豆、玉米中丰富的磷脂和豆固醇已被除掉，维生素 E 和维生素 K 也损失很大。关于葵花籽油，压榨型葵花籽油是相对较好的品种，所含的亚油酸比大豆油多，同时还保留了大部分抗氧化成分。大豆油、玉米油、葵花籽油这类油低温不凝固，耐热性较差，所以不太适合煎炸等烹饪方法，更适合用来炖煮。

其次，适合炒菜的油是花生油和米糠油。这也是我要说的第二种，适合炒菜的油包括花生油、米糠油，还有低芥酸菜籽油（如芥花油）等，还有你可能听说过的杏仁油和南瓜子油等等。那为什么这类油适合炒菜呢？因为这类油脂有个共同特征，就是脂肪酸比较平衡，单不饱和脂肪酸最丰富，耐热性较好，所以适合炒菜煎炸。

我们来具体来说说花生油，花生油中所含的饱和、单不饱和、多不饱和脂肪酸的比例是 3 ：4 ：3，其中所含的单不饱和脂肪酸相当于茶籽油的一半，富含维生素 E，风味好，耐热性也不错，很适合做一般炒菜。这类油有一个特点，就是冷藏后会浑浊，它可不是坏了啊。

大家都在说的，对人体健康有益处的橄榄油适合什么样的烹饪方法呢？

好的，我们接下来说说适合凉拌的一类油，包括橄榄油和

茶籽油。这类油的特点就是单不饱和脂肪酸特别多，油酸丰富，放在冰箱里不凝固，耐热性较好，用来凉拌是个很好的选择。

那我们再来说说人人都夸的橄榄油，橄榄油我们在前面节目里讲过，橄榄油含不饱和脂肪酸 80% 以上，其中有 70% 以上是单不饱和脂肪酸。食用富含单不饱和脂肪酸的油，有利于降低血液中的“坏胆固醇”（LDL），升高“好胆固醇”（HDL），对预防心脑血管疾病有益。橄榄油耐热性优于大豆油，不太容易氧化，可见橄榄油是名不虚传啊！橄榄油贵也是有贵的道理的。

我还要强调的一点是，像我们日常生活中有人总喜欢用猪油炒菜，因为猪油与一般植物油相比，有不可替代的特殊香味，可以增进食欲。但是猪油中饱和脂肪酸含量较高，易于引起心血管疾病。大量研究表明，饱和脂肪酸可提高心脑血管疾病的发病率；100g 猪油中含有 100mg 左右的胆固醇，也是心血管疾病的诱因；因猪油独特的香味，用猪油烹调菜肴时可大大地提高人的食欲，导致过食，从而引起肥胖病或心血管疾病。像棕榈油、猪油、牛油这类油脂，所含有的饱和脂肪酸太高，过多的食用不利于身体健康。但是我建议您不是不能吃，而是要少吃。科学研究证明，必须保持饱和脂肪和不饱和脂肪的适宜比例，才能使人体健康。

安全提示

棕榈油、猪油、牛油这类油脂过多食用不利于身体健康。

是的，看来知道哪种烹饪方法适合吃什么油对我们也是很重要的。程老师，那我们平常做饭时使用食用油有没有什么需要特别注意的地方呢？

在这里给大伙提三点建议。第一点，不要长期只吃一种

安全提示

平时做饭使用食用油要注意：不要长期只吃一种油；最好不要"油上加油"；炒菜时先开火再倒油。

油。有的人觉得橄榄油特别好，那我就把家里的油全部换成橄榄油，别的油不吃了。这种想法是不可取的。正如刚才说的像猪油、牛油这类油脂，我建议您要少吃，但是不能不吃的道理一样。因为不同油品营养也不同，像橄榄油中多不饱和脂肪酸比例较低，平常只吃这一种油可不行。所以橄榄油应该和富含多不饱和脂肪酸的大豆油、玉米油、葵花籽油以及富含Ω-3多不饱和脂肪酸的亚麻籽油换着吃。不能简单认为只有橄榄油最好，其他油都不好也不用吃。

第二点就是最好不要"油上加油"。食用油作为纯能量食品，过量使用会给人体带来一定的负面影响，所以家用烹调油最好每日限制在25～30克/人（即家用的汤匙3汤匙左右），可以按家里人数算一算，注意不要摄入过量。像老一辈父母吃惯了几十年的香油，用橄榄油拌菜后感觉味道不够浓，又滴了香油。这样很容易使一天的用油量超标，拌菜只用一种油即可。

第三个需要注意的就是炒菜时要先开火再倒油。炒菜时，不要等油锅冒烟才开始炒菜。油锅冒烟时，油温往往已经达到200℃以上，此时才把菜下锅的话，时间长了容易产生健康风险。而且，蔬菜中的很多营养素也被破坏了。所以正确的做法就是先把锅烧热，再倒油，就是我们常说的热锅冷油。

好的，关于食用油的那点事儿在这里就告一段落了。非常谢谢程老师。节目的最后呢，还是建议大家正确选油，健康吃油。

2-8

我们到底该不该吃猪油？

猪油，中国人也将其称为荤油或猪大油。它是从猪肉中提炼出，初始状态是略黄色半透明液体的食用油。猪油属于油脂中的“脂”，常温下为白色或浅黄色固体，平均每100g猪油包含879kcal（1kcal≈4185.85J）的能量，99.6g的脂肪，0.2g的碳水化合物以及维生素A、维生素E等成分。在物资匮乏的年代，猪油是中国人主要的膳食油脂。几十年之前人们买猪肉愿意买肥肉而不买瘦肉，就是因为肥肉可以用来熬油。猪油与一般植物油相比，有着独特的香味，增进人们的食欲，这股味道来自油中微量的蛋白质及甘油酯的分解产物。而且猪油也可治疗赤白带、大小便不通、上气咳嗽、手足皲裂、口腔溃疡等症状。猪油有着诸多好处，但是网上一篇《放弃传统的猪油导致国人健康每况愈下》却引起了不小的争论，毕竟20世纪90年代之后，随着各种物资市场供应的增多，猪油地位逐渐被植物油取代。那么猪油在我们日常的膳食中到底有没有好处呢？国人健康每况愈下是因为猪油的摄入量少了么？让我们跟随程老师一起探索这些问题。

程老师，在开始今天的话题之前，我想问问您，您家是用什么油来炒菜的？

现在就是用豆油、花生油、橄榄油等植物油，我记得小时候是用猪油炒菜。

我觉得猪油炒的菜特别香。

是啊，尤其是对生于20世纪七八十年代的人来说，一碗猪油炒饭，一份猪油渣，都是童年记忆里难得的美味。猪油炒菜带来的独特香味，在食物匮乏的年代里那就是绝对的享受。

但是现在好像使用猪油炒菜的人越来越少了。

是的，猪油目前已经罕见于大部分的城市家庭，许多地区的农村家庭或是一些寒冷的地方可能还会用猪油炒菜。

最近我在网上看了一篇名为《放弃传统的猪油导致国人健康每况愈下》的文章，说中国人祖祖辈辈使用猪油，一直都很健康，而现在人们放弃了吃猪油的传统，结果心脏病反倒成了第一大杀手。事实真的是这样吗？程老师，您能不能告诉我们猪油到底是一种什么油，竟然有这样的功效？

其实猪油就是从猪的特定内脏中提取的脂肪及腹背部等皮下组织中提取的油脂。在物资匮乏的那个年代，猪油就是我们主要的膳食油脂。人们买猪肉愿意要肥肉而不愿要瘦肉，就是因为肥肉可以用来熬油。

而 90 年代以后呢，随着各种物资供应的增多，猪油的地位也逐渐被植物油所取代。但是有些人会说因为植物油取代了猪油导致了心脏病的高发，这个问题我们应该怎么看待呢？首先，我们从人体的生理和营养需要的角度来谈谈油脂几个方面的作用：

1. 提供热量　膳食摄入的脂肪是供应人体热量的主要来源，占热能总摄入的 20%～50%。

2. 提供必需脂肪酸　有一类不饱和脂肪酸是人体调节生理功能所必需但是人体又不能自我合成，必须从膳食中摄入，称为“必需脂肪（EFA），包括亚油酸和 α- 亚麻酸。

3. 提供脂溶性维生素并促进吸收　在人体调节生理代谢方面具有重要作用的维生素 A、维生素 D、维生素 E 和维生素 K 不溶于水而溶于油脂，因此膳食摄入油脂作为这些脂溶性维生素的载体和保护剂，有助于其在人体内的消化和吸收。

4. 构成机体组织，作为机体的保护成分　人体组织中脂类大约占了 10%～14% 的重量，一类是组织脂，是多种组织和细胞的组成成分；另一类是储脂，分布在皮下组织、肠系膜、肾脏及肌间结缔组织等处，起到支撑和保护器官、调节体温、保持水分等作用。

在人体的生理和营养需要方面，油脂的作用是不容小觑。另外，从对人体生理功能的角度来讲，猪油所能提供的某些脂溶性维生素比植物油低，其他的功能没有什么不同。

那猪油对心血管疾病到底有没有影响啊？

对于心血管疾病来说，猪油等动物油脂对其有着不良的影响。

心脑血管疾病是对人类威胁最大的病种之一，在世界范围内因心脑血管疾病导致的死亡率一直名列前茅。猪油作为动物油脂，其饱和脂肪酸含量较高，超过了40%；且猪油含有千分之一左右的胆固醇，这些都是对心血管疾病不利的因素。

安全提示

猪油对心血管疾病病人有不利影响。

那有没有什么办法可以控制这些因素呢？

其实在一些流行病学的调查中显示，提高饱和脂肪酸的摄入将增加血液中LDL（低密度脂质蛋白胆固醇，俗称“坏胆固醇”）含量，提高动脉硬化的发病率。而在脂肪摄入中增加单不饱和脂肪酸和多不饱和脂肪酸的比例则更有助于控制血脂水平。

原来是这样，在我们日常生活中，有一种植物油中含有单不饱和脂肪酸是有益的，可以直接食用的。这种植物油就是橄榄油（图8-1）。

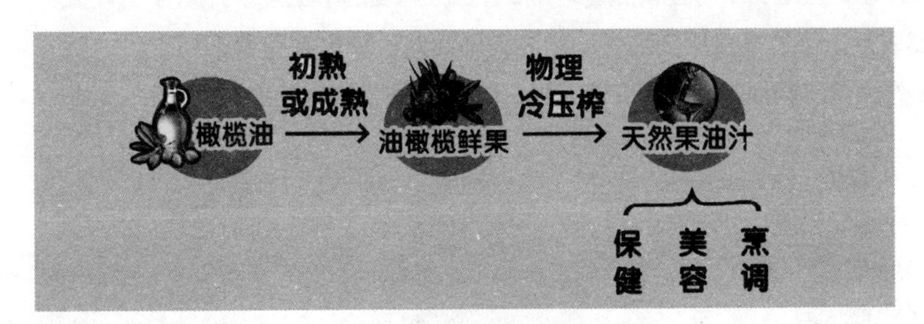

图8-1　压榨橄榄油

是的，美国FDA在2004年批准橄榄油可以使用这样一条标注："有限而非结论性的科学证据显示：由于橄榄油中的单不饱和脂肪酸，每天吃两勺（23g）橄榄油有利于减少冠心病的风险，为了获得这一可能的益处，橄榄油需要被用于替代相似量的饱和脂肪并且不增加全天的卡路里摄入"。虽然橄榄油未必就是最健康的食用油，但在日常膳食中以植物油取代猪油，确实更有利于心血管健康。

所以回到我们一开始说的话题，影响心血管的危险因素有很多，比如传统的危险因素有：性别、年龄、家族史、高血压、糖尿病、肾功能受损等。潜在的危险因素有：肥胖、胰岛功能异常、慢性炎症、血管内皮受损等。社会行为因素有：教育程度、不健康饮食、缺乏运动、过量饮酒、精神压力等。所以心血管疾病发病率的增长，是人们生活水平的提高、人口寿命延长、医疗诊断技术进步、生活方式、环境因素等综合作用结果，"吃猪油减少"和"心脏病发病率上升"可能有一些特定的关联，但是不能简单的把两者认定存在必然联系。

安全提示

日常膳食中以植物油取代猪油，有利于心血管健康。

好的，非常感谢程老师。"吃猪油减少"和"心脏病发病率上升"并无存在的必然联系，但过多食用猪油等动物油脂确实对心脑血管有着不利影响。如果作为偶尔调剂吃点猪油确实无妨，但不建议把它作为家庭的日常用油。

2-9

染色葱，你了解吗？

说起葱，大家都不陌生。葱，为百合科葱属植物。鳞茎单生，圆柱状，稀为基部膨大的卵状圆柱形；鳞茎外皮白色，稀淡红褐色，膜质至薄革质，不破裂。叶圆筒状，中空；花葶圆柱状，中空，中部以下膨大，向顶端渐狭；总苞膜质，伞形花序球状，多花，较疏散；花被片长 6～8.5mm，近卵形；花丝为花被片长度的 1.5 倍～2 倍，锥形；子房倒卵状，腹缝线基部具不明显的蜜穴；花柱细长，伸出花被外。花果期 4～7 月。葱起源于半寒地带，喜冷凉不耐炎热。原产自中国，中国各地广泛栽培，国外也有栽培。俗话说得好“大葱蘸酱，越吃越胖”，意思是里面含有很多营养，虽然说的有一点夸张，但是葱里面的营养是不可以忽视的，它可以有效地保护人体。葱是佛教中的五荤之一，是百姓家常用的调味食材，是一种草本植物，生食味辛辣。葱分为葱叶与葱白，它虽然普通，但是营养不普通。葱含有蛋白质、碳水化合物等多种维生素及矿物质，对人体有很大益处。但是近些年来，有媒体报道，说是最近有群众发现，买回家的葱用毛巾擦了一下，毛巾上竟然留下了淡蓝色的痕迹，即我们今天要聊的“染色葱”，让我们一起跟着程老师来看看究竟是怎么回事呢？

程老师，我那天看了一个新闻，让我心里很不舒服，就想着一定要从您这里搞清楚弄明白。

怎么了？又遇到什么问题了？

冬天，很多人家里都有冬储菜，葱就是冬储菜的一种。有媒体报道，说是最近有群众发现，买回家的葱用毛巾擦了一下，您猜怎么了？毛巾上竟然留下了淡蓝色的痕迹。程老师，这个葱可是我们平常炒菜吃饭经常会用到的食材，竟然出现这样的情况，我感觉很不可思议。程老师，这个淡蓝色的物质到底是什么呢？对我们的身体健康到底会有什么影响呢？

王君，我要告诉你那些淡蓝色的物质是什么，你肯定又会被吓到。

啊？那我一定做好心理准备，您说吧，那到底是什么呢？

那些淡蓝色的物质，很可能是一种农药。

农药？程老师，您还真把我吓一跳，您的意思是，那些是农药残留？

可以这么说。但是，大家没必要过分担心。

程老师，那这个农药到底是什么呢？

一般来说，含有铜离子的农药或者肥料，都有可能使葱花变成蓝色。最可能让消费者看见的就是波尔多液（图 9-1）。

波尔多液？

波尔多液，是一种无机铜素杀菌剂，是硫酸铜、氢氧化铜和氢氧化钙的碱式复盐。1882 年法国研究人员于波尔多城发现其杀菌作用，故名为波尔多液。它是由约 500 克硫酸铜、500 克生石灰和 50 千克水配制成的天蓝色胶状悬浊液。

图 9-1　波尔多液

波尔多液，可以杀菌、防虫，效果非常好。但是我们去买菜的时候不用害怕，因为这个农药我们用肉眼是可以看到的，我们会在最外面的叶片上和稍微隐蔽一点的叶子根部看到有蓝色的粉末。而且像菠菜、白菜、生菜、大葱等等都有可能会有这种农药的使用。波尔多液是一种低毒的农药，所以消费者可以不用太担心，洗干净了就可以放心地吃了。

程老师，这么说葱表面的那些蓝色农药是为了杀菌防虫？

除了杀菌，还有一种可能。

还有一种可能？那还有什么？

由于葱等蔬菜很容易变质，商家为了保证葱在长途运输的过程中能够保持新鲜，就会往葱的表层喷洒一些硫酸铜溶液，让其在市面上售卖时还能保持像刚采摘的蔬菜一样新鲜。

程老师，据我所知，硫酸铜溶液可是有毒性的。

是的，硫酸铜溶液中含有重金属离子和铜硫酸根离子，如果大量长期食用会导致重金属离子中毒，危害人体健康。除了葱表面可能含有硫酸铜溶液外，市面上很多蔬菜上也可能含有此类化学物质。诸如我们常见的香芹菜、蒜薹等都被发现上面含有这些蓝色的沉积物。

也就是说，葱被“染色”有两种情况，一种是为了给葱杀菌、防虫喷洒的波尔多液体，另一种是为了葱能够保持新鲜而喷洒的硫酸铜溶液。

对，虽然都是为了葱好，但毕竟都是含有化学物质的农药残留物，所以，我们买回来菜以后，必须要进行彻底的清洗，否则摄入过量的重金属离子很可能会导致中毒现象，危害人体的健康。

那怎样的清洗才算彻底，能除去农药的残留呢？

好，那我就跟大家讲一讲。我们知道这种农药的残留只是附着在菜的表面，在最外层。所以，在清洗的时候不能一直泡着，因为它有可能会跑到里面去，要用搓洗的方法将其洗干净。还有一点要注意，如果实在怕洗不干净，或者不敢用力搓的话，可以在洗菜水中放一些面粉，这样就可以带走叶子表面残留的农药了。

程老师，为什么用面粉可以带走叶子表面的残留物？

因为面粉浸湿以后，它具有黏性，可以带走叶子表面的残留物。

原来是这样！

还有一点要注意的是，如果是喷了硫酸铜溶液的蔬菜，也不建议把蔬菜长时间泡在水里，这并不能有效祛除这些化学物质，正确的做法应该是直接把蔬菜放到水龙头底下活水连续冲洗。

嗯，不管是哪种农药残留在葱的表面，清洗都是至关重要的。清洗要在流水下连续冲洗，用手搓洗，不要一直泡着，这样不但清洗不干净反而容易让农药进一步深入到内部。

是的，你也可以在洗菜水中放些面粉帮助清洗表面残留物。有些人喜欢用盐水浸泡果蔬，但盐只能起到杀虫的作用，无法稀释农药，盐水的效果某种程度上还不如清水。

好了，关于染色葱的问题您清楚了吗？现在正是大葱上市的旺季，如果您对大葱还有任何疑问，欢迎大家踊跃发言。

2-10

如何分辨“漂白藕”？

莲藕价格各地区不一，销路甚好，为了使莲藕看起来卖相好，全国各地均有出现过漂白莲藕的现象。莲藕泡过药水之后看起来鲜亮、粉嫩、卖相比较好。泡过药水的莲藕如果放在箩筐里，流出来的水凝结在箩筐底，就像给地面盖了章一样，地上的水泥都会跟着起泡泡，很难清除。如果经常清洗泡过药水的莲藕，手也会掉皮。这种药水威力这么大，到底是什么成分呢？漂白药水主要使用工业柠檬酸、亚硫酸盐和漂白粉等。柠檬酸我们在日常生活中常见，如饮料配方中就有柠檬酸成分。饮料中的柠檬酸属于食用柠檬酸，加入后会使食物口感更好，并可促进食欲，但也要控制摄入量，虽然这类柠檬酸对人体无直接危害，但它可以促进体内钙的排泄和沉积，如长期食用含柠檬酸的食品，有可能导致低钙血症。还有一种柠檬酸就是工业柠檬酸，这类柠檬酸含有强酸性，会对人体的消化系统产生腐蚀和刺激作用，对人体健康有很大危害，是绝对不能用于食品的。记者采访中发现，超过八成的居民选择购买白白净净没有污点的莲藕，因为看着干净，您是否也这样挑藕呢？那到底该如何分辨呢？来看看程老师怎么说。

程老师，您爱吃藕吗？

爱吃，这藕可是个好东西啊，既可以做热菜，还可以拌凉菜，味道都不错。有句老话说的“男不可一日无姜，女不可三日断藕”。就是说这莲藕营养非常丰富，还能够清热祛痘、滋润皮肤、益血生肌，同时还能利尿通便，帮助排泄体内的废物和毒素，深受爱美女性的喜爱。

这莲藕最早产源于印度，后来传入的中国。在南北朝时期，莲藕的种植已经非常普遍了。就像刚才说得，莲藕它具有不错的药用价值，用莲藕制成的粉，具有消食、止泻、滋补的功效，是老少皆宜、体弱多病者很好的补品，在清咸丰年间，就被钦定为御膳贡品了。

看来这莲藕的营养价值还是相当高的。但是程老师，最近网上就出现了一些关于莲藕的消息，说是买莲藕的时候，一定不要挑那太白、太好看的，说那些外观看起来好看的莲藕很有可能是里面加了“药”。在网上所提供的视频中我们可以看到，商贩把那些很脏的莲藕放进加了药的水桶里浸泡，或者往莲藕上喷一些“药水”，之后莲藕便来了个华丽转变，变得很白很干净。这些药水怎么会有这么神奇的功效呢？

水中加了柠檬酸。柠檬酸是一种被广泛用于医疗、美容、日化行业的有机酸，有去除杂质的作用。所以能在短时间内使莲藕表面的黑斑“漂白”。根据我国食品添加剂使用标准，柠檬酸作为一种酸度调节剂，可按生产需要适量使用，但是未经加工的新鲜果蔬是不能使用添加剂的，而莲

安全提示

过量摄入柠檬酸对身体危害极大。

藕作为一种初级农产品，也就意味着不能使用柠檬酸这种添加剂。而且食品级的和工业级柠檬酸价格相差很大，有很多不法商贩为了降低成本选择了工业柠檬酸，而工业柠檬酸中重金属含量较高，一旦过量摄入，对于人的神经系统、消化系统以及血液系统有极大的危害，增加低钙血症、十二指肠癌的患病率。

消费者一定担心买下这些经过漂白的莲藕，那我们在日常购买的时候应该如何挑选呢，您有什么建议吗？

新鲜的莲藕并不像我们在菜市场看到的那样白白净净。大家应该都知道，莲藕生长在淤泥里，只能靠人工去挖。刚刚挖出来的莲藕原本是带着泥土的，而且又黑又脏还滑滑的，丝毫没有任何卖相可言，即使是已经被商家用清水冲洗干净的莲藕，外皮也会略带泥沙，稍微有点暗淡发灰。如果摊位上很多莲藕都是白白净净的，这时候你就要注意了，除了少数天生丽质的以外，这些莲藕很有可能是被漂白过的。所以在挑选莲藕时，不要过分注重颜值，略带泥土、颜色铁灰、闻起来有泥土味的莲藕是比较安全的。过于白净、闻起来有酸味的莲藕尽量不要购买。还可以看莲藕段与莲藕段的连接处，或是根部的地方，喷过药水的藕那里是发黄的，自然的藕是淤泥的颜色，偏黑。如果实在不小心买了，那回去以后，要把莲藕先清洗一下，在水里泡一段时间，再拿流水冲一冲，柠檬酸的量就可能会减少，因为柠檬酸溶于水。

安全提示

挑选莲藕不要过分注重颜值，自然的藕才是最好的。

大家还是要记住程老师曾经说过的一句话，自然的才是最好的。程老师，在加工和食用莲藕时应该注意什么呀？

第一，不要生吃。平常有些人为了追求莲藕清脆的口感会选择生吃莲藕。我建议啊，莲藕尽量不要生吃，要担心里面的寄生虫。极少数莲藕寄生着姜片虫，容易引起姜片虫病（图 10-1）。人吃了带囊蚴的生藕，囊蚴就会在小肠内发育为成虫，它会附在肠黏膜上，使人产生胃肠道症状，严重的会造成肠损伤和溃疡，儿童还会出现面部水肿、发育迟缓、智力减退等症状。从中医上讲，脾虚胃寒者、易腹泻者不宜食用生藕，生藕性偏凉，生吃较难消化，所以应该食用熟藕。

安全提示

应该食用熟藕。

图 10-1　莲藕中的姜片虫

第二，精心挑选。发黑、有异味的藕最好不要食用。应挑选外皮呈黄褐色，肉肥厚而白的，注意要选无伤、无烂、无锈斑、不断节、不干缩、未变色的藕。

第三，妥善存放。没切过的莲藕可在室温中放置一周的时间，切过的藕不宜直接存放，因为切面孔的部分容易变黑、腐烂，所以切过的莲藕要在切口处覆以保鲜膜，冷藏可以保鲜一个星期左右。

好的，谢谢程老师详细而又专业的讲解，怎么挑选藕，您学会了吗？为了我们的身体健康，我们在挑选食物方面一定要练就一双“火眼金睛”，“火眼金睛”的炼成必然离不开对科学知识的掌握。多发现多了解多求证，才是保证健康而又不会失去“美味”的好方法。

2-11

“白色液体”浸泡的蒜薹

蒜薹，又称蒜毫。它是从大蒜中抽出的花茎，人们喜欢吃的蔬菜之一，常被简写作“蒜苔”。蒜薹在我国分布广泛，南北各地均有种植，是我国目前蔬菜冷藏业中贮量最大、贮期最长的蔬菜品种之一。蒜薹是很好的功能保健蔬菜，具有多种营养功效。农村的每一家都会种上几畦。

蒜薹的营养成分很高，有蛋白质、脂肪、碳水化合物、膳食纤维、维生素 A、维生素 C、维生素 E、胡萝卜素、硫胺素、核黄素、烟酸、尼克酸、钙、磷、钾、钠、镁、铁、锌、硒、铜、锰等人体所需营养成分，以及大蒜素、大蒜新素等成分。

最近在朋友圈和微信群里，一个“农户用不明白色液体处理蒜薹”的小视频流传了起来，这条视频还被配上了“蒜薹竟然泡甲醛保鲜”的惊人解说。视频里浸泡蒜薹的场景到底是怎么回事？难道它们真被泡了甲醛吗？

程老师，最近可谓是蒜薹销售的旺季啊，而且我们山西有一道传统名菜，里面就有蒜薹，您知道是什么吗？

山西过油肉。

哈哈，我以为您会猜几个，没想到一下就猜中了。那大家都这么喜欢吃蒜薹，它到底有哪些营养价值呢？

蒜薹对人体确实是一种很好的蔬菜，蒜薹中所含的大蒜素、辣素可以抑制细菌的生长繁殖；蒜薹有刺激大肠，调解便秘的功效；同时它的外皮含有丰富的维生素，其中丰富的维生素 C 对于降血脂及预防冠心病和动脉硬化有一定的作用。

可是近日呀，网络上一条关于蒜薹被浸入白色不明液体的视频引发了公众的担心，视频中几个人将一捆捆蒜薹根部浸入白色液体中，真不知道这些白色液体是什么东西，看着都让人担心，网上流传说是甲醛。程老师，您觉得呢？

这个新闻我也看到了。但是仅凭视频上无法判断白色液体的具体成分。我初步猜测可能是一种杀菌保鲜剂。

保鲜剂？

对，保鲜剂有很多种，有保绿的、有防腐的，但是视频当中到底使用的是什么，我们不好确定和随意猜测。因为蒜薹每年只产一季，主要就是在 5 ~ 6 月间收获，收获后有一小部分直接卖掉，多数是被储存了起来。不过大家知道，新鲜蒜薹在常温下最多可存放 10 天左右，如果进行冷库贮存，能延长两三个月。还有另外一种保鲜方法，就是使用保鲜剂，这样能延长至八个月左右。蒜薹需要贮存在 0℃左右的冷库中，条件好的还要用一种叫做“硅窗袋”的东西装起来。硅窗袋是在普通塑料袋上加一块硅橡胶薄膜，这种袋子能够选择性的透气。通过将氧气浓度控制在 5% 以下，同时控制二氧化碳的浓度，让蒜薹处于“休眠”状态。

冷库储存这个方法我们倒是能接受，但是保鲜剂……这个在我们清洗之后会有残留吗？如果吃进肚子是不是不好啊？

其实，我们从超市、菜市场买的所有蔬菜和水果，在采摘后都会清洗，也会用一些“药水”浸泡。这是果蔬正常的采后保鲜处理，也是果蔬加工过程中的必需环节。蒜薹以及我们日常生活中购买的许多水果、蔬菜使用保鲜剂，只要按照国家规定的种类、剂量是允许的，食用也没有问题。我们看到视频中的那些人可能并不是准备出售蒜薹，而是为贮存做准备。至于网上传言是用了甲醛，我感觉这种可能性并不大。因为甲醛的溶液应该是澄清的，而且甲醛的挥发性很强，对眼睛和呼吸道刺激强烈，像视频中的人既没有戴口罩也没有用眼部护具，他们总不会坑自己吧？其次，甲醛防腐一般是针对蛋白质含量较高的东西，比如动物标本，蒜薹用甲醛防腐的效果并不会很好。

哦，原来是这样，那基本上可以排除是甲醛了。那如果是保鲜剂可能是什么呢?

据我观测，白色不明液体里很可能有某种不溶于水的杀菌剂，白色是因为加入了乳化剂，帮助药剂溶解。为什么要用呢，对蒜薹威胁最大的就是灰霉病，他可以让薹梢发霉，甚至导致蒜薹腐烂，而且会扩展，从一根蒜薹霉变，导致整片蒜薹霉变，给农户造成巨大损失。不知道您注意到没有，视频中的蒜薹蘸药液的正是梢部，当然也可以将杀菌剂配成水乳液喷洒。我国批准的农药中有许多杀真菌的药剂，但并没看到注册用于蒜薹的。最可能的是一种叫咪鲜胺的杀菌剂，它可以用于大蒜和菜薹，可惜不包括蒜薹。当它用于大蒜时也是对抗真菌病，比如叶枯病。咪鲜胺和其他几种咪唑类化合物都是低毒、广谱、高效杀菌剂，它在欧盟也可以合法使用。从咪鲜胺残留代谢情况上看，常温下它在蔬菜中的半衰期约为 10 天，1 个月后降解率可达 90%；冷库条件下 70 天左右其降解率可达 90%。若蒜薹在咪鲜胺处理后贮存较长时间，并在贮存后切去薹稍，推断其残留量应相对较低。我们只要认真清洗果蔬之后食用，一般来讲不会产生什么巨大的危害。但是，咪鲜胺的成本相对较高，往往用来处理出口的蔬菜，或者用来处理高附加值的果蔬，比如龙眼、芒果。

哎呀，这本来排除了甲醛稍微放心了，这又说咪鲜胺成本高，又担心起来了，那有没有别的可能?

其实在农业实践中，往往是多种药剂复合配制使用的，市面上很多果蔬“保鲜剂”就包含多种成分。除了杀菌剂，还有植物生长调节剂（比如 1-MCP，2, 4-D 等），用来抑制呼吸作用和细胞分裂，阻止营养物质向花苞迁移。此外，其中也可能含有壳聚糖等物质，帮助药剂形成一层保护膜。目前正是蒜薹的收储季节，出现这种模棱两可的信息对农户的影响很大。从视频并不能准确判断白色不明液体里面到底是什么成分，也不可能目测出各种药物的使用剂量、残留是否安全。甚至连这些东西能不能用于蒜薹的保鲜处理都是未知数。一切只能够等待有关主管部门调查核实。

安全提示

蒜薹被浸入的白色不明液体不是甲醛，应该是一种保鲜剂。

食物中若真的含有甲醛，有多大风险?

天然食物中其实也存在甲醛，而且食物中的甲醛，安全风险也没有想象的那么大。吃下大量甲醛可能导致急性中毒，但普通人很难接触到如此高浓度的甲醛，吃点蔬菜通常也不会达到这量。说到甲醛，大家首先会想到浸泡木乃伊的福尔马林溶液，能用作消毒剂和防腐剂。的确也有不法商人用甲醛当做防腐剂和漂白剂使用于食物中，如腐竹、粉丝和水发食物（如牛百叶、凤爪等）。不过，我国早就明令禁止甲醛用于食品加工中，现在用的可能性实在太小。而且，我们每天吃的天然食物中也有甲醛，包括水果及蔬菜（如梨、苹果、葱）、肉类、鱼类（如九肚鱼、鳕鱼）、甲壳类动物、干菌类等，含量可达 300 ~ 400mg/kg。

至于甲醛的慢性危险，根据世界卫生组织的报告，一般人主要透过吸入摄入甲醛，食物中摄入的甲醛很少。而且，世界卫生组织认为通过食物摄入的甲醛不会致癌，甲醛的主要危害在于吸入。

总的来说，即使真的用甲醛了，危害也没有大家想象那么大，大家也不用太担心。

那平常我们在购买蒜薹的时候有没有什么技巧识别优劣蒜薹呢？顺便给观众朋友们些建议。

经过这个“泡液”蒜薹呢，首先我们不能盲目去传言它是什么，给大家造成恐慌，相信我们有关部门会很快进行核查给大家一个说法。

其次是怎么区分优劣蒜薹。

优质蒜薹——色泽青绿脆嫩，薹梗粗壮而均匀，柔软且基部不老化，苔苞小，不膨大，不带叶鞘，无斑点，无病虫害，不腐烂。

安全提示

优质蒜薹——色泽青绿脆嫩，干爽无水，薹梗粗壮而均匀，柔软且基部不老化，苔苞小，不膨大，不带叶鞘，无斑点，无病虫害，不腐烂。

次质蒜薹——薹梗粗细长短不整齐，或苔梗上有小斑点，薹梗基部出现老化。

劣质蒜薹——薹梗变黄，基部萎缩，薹苞开始膨大，薹梗发糠，并且腐烂发霉。

最后呢，就是我们的农户以及农产品加工商，一定要本着安全无害的良心去做，这毕竟是入口的东西。所加的保鲜剂类型和量也一定要符合国家规定。

谢谢程老师教我们辨别优质蒜薹的妙招。

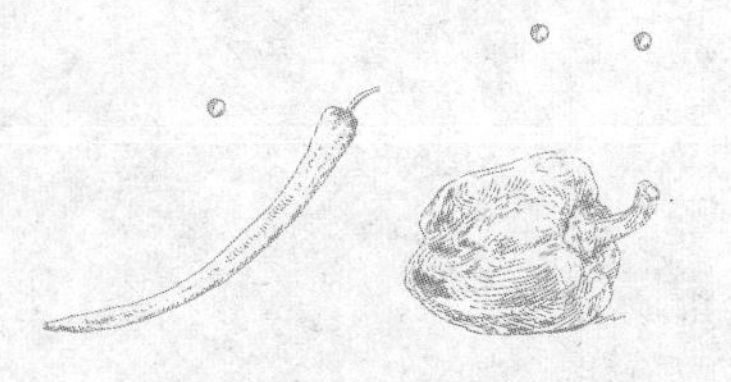

2-12

生姜中的黄樟素

“冬吃萝卜夏吃姜”，姜是人们生活中必不可少的调味品，它可将自身的辛辣味和特殊芳香渗入到菜肴中，使之鲜美可口，味道清香。生姜具有很高的食用价值；而且姜还是一味重要的中药材。作为药材，它具有健胃消食、开胃止呕、化痰止咳、发汗解表、驱散寒邪、解毒抑菌等作用。姜制品在国际市场越来越受欢迎，尤其在东南亚、日本等国家和地区极为畅销。在中国，姜的食用及药用历史很长，开发利用也比较早，含有蛋白质、多糖、维生素和多种微量元素，集营养、调味、保健于一身，自古被医学家视为药食同源的保健品。

姜的作用之广、益处之多自然是不言而喻的，但是人们每天都会用的姜会“致癌”你知道吗？有人说“烂姜不烂味”这话科学吗？

程老师，您一定听说过这些谚语，像“冬吃萝卜夏吃姜，不用医生开药方”“家备小姜，小病不慌”。其实，细细琢磨，民间的很多谚语都是有一定道理的。比如这两句，就充分说明吃生姜对人体是有好处的。

是的，民间的谚语都是通过长久的生活经验总结出来的。说到这个姜，确实是好东西，生姜中含有姜醇、姜烯等油性的挥发油，还有淀粉和纤维冻物质，在夏季对人体有排汗降温、兴奋提神的作用，而且可以缓解疲劳、失眠、腹痛等常遇到的身体病症。

还有在寒冷的冬天，喝一杯姜丝可乐那真是舒服的很。但是程老师，我还听到另外一种相反的说法，说常吃姜会增大患肝癌的风险，尤其是烂姜的危害更大。那这个说法有没有科学依据呢？

虽然姜的好处很多，不过姜也是不能多吃的。可能很多人不知道，在姜中含有一种不利于健康的成分。

听您这意思，这说法可能是真的？那这个成分是什么，您快给我们说说。

这种成分叫黄樟素。黄樟素是一种无色或者浅黄色的液体（图 12-1），有一种樟木的味道，黄樟素能除肥皂的油脂臭，常作廉价的香料使用于皂用香精中。但最主要的用途是作为洋茉莉和香兰素的原料，是许多食用天然香精如黄樟精油、八角精油和樟脑油的主要成分，大约占黄樟精油的 80%。

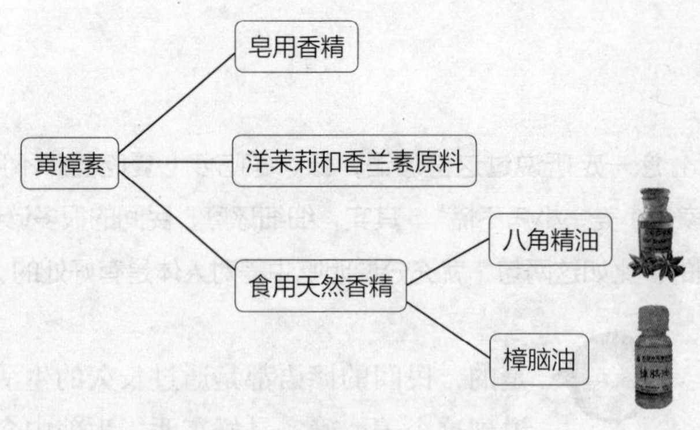

图 12-1　黄樟素的广泛用途

原来这些东西的主要成分都是黄樟素，那您还没说，黄樟素到底会不会致癌呢？

针对这个问题，美国食品药物管理局（FDA）曾经做过实验，实验人员在小鼠的饲料中添加 0.04% ~ 1% 的黄樟素，150 天到 2 年的时间，可诱导小鼠产生肝癌。

啊，那到底是怎么回事儿呢？

黄樟素经过代谢转化为活性致癌物的过程，目前已经比较清楚：黄樟素在小鼠体内首先代谢为苯乙醇形式，接着被激活转化为乙酸盐或硫酸盐，成为最终的致癌物。黄樟素如果和氧化剂结合，将会生成更强致癌活性的环氧黄樟素。目前，在美国是不允许黄樟素作为食品添加剂的，国际食品添加剂法典委员会正在启动制定的《食用香料使用准则》中规定，黄樟素在食品和饮料中最大限量为 1mg/kg。

程老师，这个生姜我们到底还敢不敢吃了呢？

这个不需要过分担心，黄樟素是一定量级可能致癌物。食用正常的没有坏的生姜且不要过量，是不会引发疾病的，也并不会必然导致癌症的发生。

其实，我们在日常生活中很少去故意吃姜，平常炒菜的时候放姜是为了调味，偶尔会吃进去一些姜末，大的姜块肯定是挑出来扔了的，而且吃进嘴里也会吐出来，这样的习惯其实已经让我们很少摄入姜了。程老师，那平常吃姜的时候，还有没有什么建议可以给我们，应该如何去注意？

我给观众们说三点建议：

第一，少吃生姜。因为生姜等香辛料除了含有可能诱发肝癌的黄樟素外，食用过多还容易导致胃酸分泌过多和胃胀气，甚至影响肝、肾功能，对人体健康是有风险的。

第二，不吃烂姜。如同我们前面说过的“土豆长芽不能吃”一样，烂姜也不能吃，因为烂姜中的黄樟素含量会更高，对人体健康的风险更大。

第三，搭配果蔬。我们过去所倡导的清淡饮食，保持食物的原味，不但是指烹调时要少放盐和油，而且还应少用生姜等作料。多吃水果蔬菜，可以有效抑制黄樟素与氧化剂的结合，降低其风险，因此，吃了生姜等作料后，最好多吃些水果蔬菜，以减轻黄樟素的危害。

嗯，我们的程老师给我们总结了 12 个字，少吃生姜，不吃烂姜，搭配果蔬，一定要记住。那程老师，我们平常去购买生姜的时候，很多人不太会辨别好的生姜，只能从颜色上区分了，您有没有什么好的建议呢？

第一，说一说嫩姜。嫩姜一般指新鲜带有嫩芽的姜，姜块柔嫩，这嫩姜口感脆，一般可以用来炒菜。第二，说一说老姜。而老姜的外边是土黄色的，表皮比嫩江要粗糙的多，而且有明显的纹路。熬汤、炖肉时候用老姜再适合不过了。第三，说一说硫磺姜。

程老师，这老姜、嫩姜我知道，您说的硫磺姜是什么？

如果你看到特别干净的，像打了蜡一样，光滑水嫩的姜就要特别注意了。这样的姜有可能是硫磺熏过的姜。

哦，那我们老百姓怎么鉴别硫磺熏过的姜呢？

用手蹭下姜皮，硫磺姜的皮很容易剥离，而且姜肉的颜色和姜皮的差别很大。还可用鼻子闻一下，若有淡淡的硫磺味，这样的姜你最好别买。还有如果你发现姜心变黑、变糠或是姜上生嫩芽，说明姜已经坏掉。另外，姜受热变质会生出白毛，姜受冻则会产生毒素，轻轻一捏就会流出汁液，这样的姜建议您不要选购，因为这些姜中黄樟素的含量是正常姜的数倍，而且在发坏或者经过人工加工后，姜中还可能会出现更多的有害物质。

好的。非常感谢我们的程老师细致的讲解。黄樟素犹如姜的一把双刃剑，既可以给我们带来一些好处，又会给我们人体造成很大的危害，记住程老师的吃姜 12 字：生姜少吃，烂姜不吃，搭配果蔬。如此我们就没有必要过分担心生姜给我们带来的困扰。

2-13

春季吃野菜要当心

“草树知春不久归，百般红紫斗芳菲。”春天已经来到了我们身边，万物开始复苏，喜欢享受美食的小伙伴们一定不会在这个时候忘记吃野菜。野菜一般有着纯净的品质，是大自然的美妙馈赠，也是人与自然相生相伴的见证。野菜无污染、营养丰富、清新可口，是绝佳的食材之一。很多野菜都具有药用价值，俗话说“偏方治大病”，野菜如果食用得当、对症，大多可视为偏方。如今野菜不但登上了高级饭店的餐桌，也成为了人们日常的保健食品，深受人们的青睐。

但是，近年来野菜中毒事件频繁发生，甚至还有村民误食野菜中毒发狂的事例。据不完全统计，仅 2015 年因有毒动植物及毒蘑菇引起的食物中毒事件报告就有 68 起，中毒人数 1045 人，死亡 89 人。这些数据足以让我们震惊，如何科学的享受大自然给我们的馈赠？今天由程老师为我们做专业的解读。

程老师，最近去逛超市的时候，发现野菜上市了，有棠梨花、金雀花、鱼腥草、板蓝根等，买的人超多，还有一些我也不认识……我在想这些要是全上餐桌，绝对是一桌营养大餐。

没错。随着冬去春来，万物复苏，这野菜也长出来了。我们都知道这野菜是非人工种植的，它主要是靠风力、动物等传播种子自然生长，可以说是大自然给予我们的馈赠。野菜自然生长、营养丰富、清新可口，是比较好的食材。

然后呢，我想您要说但是了，因为这是您的套路。

哈哈，咱俩不愧搭档这么久。但是，这野菜可不是那么容易吃的，首先要学会辨别，如果吃不对就有中毒的可能。2016 年我们节目刚开播的时候，我们就谈到一组数字：2015 年国家卫生计生委突发公共卫生事件管理系统共收到有毒动植物及毒蘑菇引起的食物中毒事件报告 68 起，中毒人数 1045 人，死亡 89 人。绝大多数死亡发生在家庭，而主要的原因就是误采误食。

这个我记得。但是程老师，我听说这野菜不仅是好的食物，而且有一定的药用价值。就像我们在电视里看到，谁谁谁中毒了，会让去采点野菜来救治。

是的。这野菜很多都有药用价值，俗话说“偏方治大病”，

野菜如果食用得当、对症，大多可视为偏方。比如，荠菜能清肝明目，可治疗肝炎、高血压等疾病；蒲公英可清热解毒，是糖尿病人的佳肴；苦菜可治疗黄疸等疾病；野苋菜可治痢疾、肠炎、膀胱结石等疾病。

这野菜这么厉害呢。怪不得那么受消费者欢迎，特别是老一辈人很喜欢吃野菜，有时候我妈他们星期天还会约着去郊区采野菜。

因为可能老一辈人知道野菜有这样那样的功效，年轻人知道得少。虽然野菜有营养，但是就像我刚才提到的，要千万注意一些野菜它的毒性和不可食用性，因为春季是植物性食物中毒的多发季节。

看来这野菜虽然有营养，有药用价值，但是一定要会吃会用，不然后果很严重。那您快跟我们说说这野菜中毒的原因都有哪些呢？

第一个要注意的是有些植物的嫩芽有毒，要等它成熟以后才可以食用，比如我们之前说到的黄花菜。

这个我知道，因为那个秋水仙碱。

对！第二个就是有些食物它的嫩芽可以食用，但是等它成熟或较大的时候就不能食用了，比如灰菜。灰菜属于山野菜，长大了不可以吃，小苗可以吃，但是也不能多吃，因为灰菜中含有生物碱，吃多了会引起人的轻微中毒，会引起日光性皮炎，人体会出现水肿、瘙痒等症状，严重的还会出水疱、血疱等情况。

不听不知道，一听吓一跳，这野菜还真不是随便吃的。

还有一些野菜，看起来像我们平时见到的普通蔬菜，但实际上是有毒野菜，比如野芹菜、野韭菜等。

再一个原因就是中药类植物不同季节、不同部位、食入多少都表现出不同的作用，如板蓝根等。

嗯，您刚才说到的这几种野菜也是我们经常见的，像黄花菜，在我们山西的平顺一带就特别常见，晒干了吃也特别好吃。

而且我们不可否认的是，有些野菜因为生长的环境和地域，也容易受到鼠药、农药和化肥等的污染。

嗯。看来这吃野菜也是有讲究的，不知道我妈他们知道吗？程老师，接下来就要跟我们讲一讲平时应该怎么判断野菜是能吃或者不能吃？不同的野菜又该怎么吃？如果不小心中毒了应该怎么处理呢？程老师，我们在吃野菜的时候应该注意些什么呢？

首先要掌握了解山野菜的相关知识，把握好食用量，不轻易食用自己不了解、没有食用过的山茅野菜，现在有很多采摘园，但是大家要注意的是不要到园边田头乱采摘野菜食用。即使是可食野菜，根据品种的不同，食用方法也不

相同。一些季节性采摘的野菜，如黄花菜、蕨菜等，由于采摘时间短、数量多，可以用开水烫煮去毒后，晒成干菜长时间保存。吃野菜最起码要知道所食野菜有毒无毒，遇有不认识或难以辨别的野菜，切不可盲目采食。

嗯，所以既要管住自己的嘴，还要管住自己的手。没见过的，不知道的野菜，最好不要采摘和食用。

对！还有就是生长在路边的野菜，容易受到汽车废气和生活污水的污染，不宜采食生长在化工厂河边或附近的野菜（图 13-1），因化工厂排放的废水中有毒物质含量较高，也不要采摘。野菜能吸附空气中的尘埃和固体悬浮物，再加上春季是虫卵复生的季节，因此，山茅野菜应彻底洗烫后再食用。

图 13-1　生长在化工厂河边的野菜有毒物质含量较高

大家一定得要把程老师说的注意事项记清楚。吃野菜时一定要注意。食用野菜的时候一定要掌握野菜的知识，把握好用量。虽然野菜新鲜，它丰富的营养价值也非常利于健康。但是野菜虽好，不宜长期和大量食用，尝尝新鲜即可。

没错。因为野菜多为寒凉性，脾胃虚弱者食用极易引起消化不良，甚至引发腹痛、腹泻等症状，即使是正常体质的人，也不宜多食野菜（图 13-2）。另外，部分野菜还含有可导致过敏的物质，特殊体质的人食用后易引起过敏反应，轻者面部、颈部及四肢外侧等部位出现红斑、丘疹、瘙痒等症状，严重者可出现水疱、皮肤溃疡和糜烂。食用山茅野菜，尽量做到现买现吃，存放时间过久不但无鲜美的清香味，营养成分也会随之减少。

图 13-2　不宜食用野菜的人群

而且我知道不同的野菜，中毒的表现也不一样。一般野菜中毒症状较轻，以恶心、呕吐、腹痛、腹泻等消化道症状为常见。也有出现如头痛、头晕等神经精神症状的。但如果是野生植物中毒，一般洗胃、催吐还不能缓解症状，因为野生植物中有毒物质作用快，极易入血吸收。因此，一旦发现中毒者，应及时送往医院进行救治。

是的。大家在食用山野菜的时候一定要注意。

好的，关注食品安全就是关注您的健康。非常感谢程老师，给我们如此详细地讲解。

2-14

西瓜的那些事

有西瓜相伴的夏天才完整，作为消费者，我们当然希望夏天可以吃到清甜可口又价格美丽的西瓜，但作为果农还是希望西瓜行情好一点，毕竟靠着种瓜吃饭。近年来持续低迷的西瓜市场，真是让果农欲哭无泪。记者曾去某西瓜批发市场了解情况。市场上西瓜的批发价一般为几毛钱一斤，但卖相不好的，如熟过的、不够大的通通都被挑了出来。瓜农们一边装车，一般心疼地看着被挑出来的瓜，这意味着这部分被挑出来的西瓜要以更低的价格出售。有研究表示，瓜农的成本投入越来越高，这包括农资、农膜和劳动力等，而西瓜价格一路走低，对瓜农产生了极大的影响。某位种了 20 多年西瓜的瓜农，也开始打“退堂鼓”了：“明年不行就不种了，出去打工赚钱也比种瓜强。”还有另一则新闻中的某位瓜农，看着田里满地扔弃的西瓜心疼至极，随后扬起铁锹，挨个将那些卖不掉的西瓜拍烂。而近年来关于西瓜的谣传层出不穷，比如无籽西瓜是避孕药处理的，瓜农给西瓜打针、加入膨大剂等，虽然这些谣传并不是导致有时西瓜行业不景气的根本因素，但这些谣言对果农的影响也是极大的。为了我们仍能以合适的价格吃到瓜，也使果农不受伤害，关于西瓜的谣言一定要“粉碎”。

程老师，现在我们一年四季都能吃到西瓜，而且关于西瓜的话题，也一直没停过。我们今天就再聊聊西瓜，探讨一下那些说法到底是真是假。

第一条，西瓜好吃，但是西瓜籽却挺麻烦，于是有些人就会想到不吐籽如何呢？小时候，大人们都会说，西瓜籽别吞下去，会在肚子长个西瓜（图 14-1）。这句“忠告”给许多孩子留下了不可磨灭的阴影，小时候不下心吞下一颗籽都担惊受怕好久！那西瓜籽到底能不能吞下去呢？

图 14-1　“吃西瓜籽肚里长西瓜”

经验告诉我们肚子里是长不出西瓜的。但吃西瓜籽到底会不会对身体产生不好的影响呢？其实，西瓜籽是可以吃的。试想一下，如果有毒，不能吃，那岂不是会发生很多命案。迄今为止，还没有听

安全提示

吞食西瓜籽勿担心，第二天会随粪便排出体外。

说因为吃西瓜籽而中毒的案例呢。而且，西瓜籽也比较硬，表面还有一层坚硬的“被子”，能给种子提供很好的保护，人体基本也无法消化吸收，即使吞下去也会在第二天随着粪便排出体外。

第二条，“西瓜打针”的流言可谓深入人心，有人说瓜农会对西瓜进行增甜处理，并且注入红色素和甜味剂，使西瓜更红更甜，也可以增加销量。很多人都怀疑自己买到了打针的西瓜。西瓜真的会被打针吗？

其实，“西瓜打针”的说法极有可能是不明真相群众的臆想，跟事实有很大出入。西瓜本来就是一种自然熟的水果，也易于储存，和很多其他水果相比，根本用不着储存保鲜技术。在实际生产中，也没有瓜农会闲得无聊去给每个西瓜打针，无论往西瓜里面打激素、糖水还是色素，都不会促使西瓜变红变甜。相反，打针还会使针眼附近的瓜肉腐烂变质，大大缩短西瓜的贮藏时间，得不偿失呀。

第三条，以前买西瓜，我们都喜欢挑个头大的。但现在人老说个头大的西瓜使用了“膨大剂”，人们都尽量挑小的买，生怕买到使用了膨大剂的瓜。膨大剂到底有什么危害？能放心吃吗？

膨大剂其实是一种植物生长调节剂，属于农药。常用的膨

大剂有氯吡脲、赤霉酸等，它们有加速细胞分裂，促进细胞增大等功效。现在用得最多的就是氯吡脲。实际上，正常使用的前提下，还没发现膨大剂对人体造成任何危害的案例。而且，植物生长调节剂都有很强的自限性，少量用能促进生长，但是用多了反而不利生长，不当的使用反而会引起果实畸形，农民通常也不会多用。所以，正常使用是不会带来健康危害。

安全提示

正常使用膨大剂是不会对我们造成危害的。

第四条，夏天吃西瓜清爽舒适。但是，糖尿病病友们却望瓜兴叹：都说西瓜含糖高、血糖指数高，不能吃。糖尿病病人真的不能吃西瓜吗？

血糖指数（GI）指参照食物（葡萄糖或白面包）摄入后血糖浓度的变化程度相比，含糖食物使血糖水平相对升高的相对能力。

西瓜的血糖指数是72分，的确是高GI值食物，能够迅速升高血糖。不过，判断食物对血糖的影响，除了看血糖指数，还要看血糖负荷（GL）。它指的是食物中碳水化合物数量与血糖指数（GI）的乘积。比如，西瓜和苏打饼干的血糖指数（GI）都是72，但每100g苏打饼干所含碳水化合物约76g，它的血糖负荷（GL）大约为55，而100g西瓜所含碳水化合物约7g，它的血糖负荷（GL）大约为5，两者的血糖负荷（GL）相差10倍之多。也就是说，相比较而言，西瓜对血糖的影响很小，但苏打饼干影响很大。当然，说西

安全提示

糖尿病病人可以吃西瓜，但要适量。

瓜对血糖影响小并不是鼓励你大量吃西瓜，只是告诉你，糖尿病病人并不是绝对不能吃西瓜，100g 西瓜还是不用太担心的。

程老师，还有说法称，千万别把西瓜当宵夜，很容易增肥（图 14-2）。吃一个西瓜相当于吃 6 碗米饭，这是真的吗？

图 14-2 “吃一个西瓜等于吃 6 碗米饭”

很遗憾地告诉你，从热量计算来看，这个是真的。100g 西瓜的热量大概是 25kcal，一个 8～10 斤（4000～5000g）的西瓜可以提供 1000～1250kcal 的热量，一碗米饭（200g）的热量大约为 230kcal，这个说法在数据计算上是基本准确的。而且，西瓜中的糖大部分是

安全提示

三餐之外吃太多西瓜容易摄入过多热量。

果糖，果糖的特点是吃的时候不容易觉得饱，所以，吃西瓜的时候就难以控制食量，很容易多吃。因此，在三餐之外最好不要吃太多的西瓜，否则很容易摄入太多热量。

吐西瓜籽很麻烦，市场上也出现了无籽西瓜。但有人说，无籽西瓜是用避孕药处理的，含有大量激素，经常食用对人体有害。这是真的吗?

其实，无籽西瓜的产生和人类使用的避孕药没有丝毫关系。无籽西瓜是采用杂交的方法培育而成的。普通西瓜都是二倍体植株，也就是细胞内含有两组染色体，可以正常结籽。人们用秋水仙素处理西瓜，将普通的二倍体西瓜和四倍体西瓜杂交，形成的三倍体西瓜。而三倍体没有繁殖能力，所以不能产生种子，也就没有籽啦。这种无籽西瓜只是没有能力正常发育下一代，并不会产生有毒有害物质，和避孕药更是八竿子打不着。至于植物激素，我们知道动物激素和植物激素是不一样的，植物激素被摄入人体后也不会起到动物激素的效果，完全不必谈“激素”色变，还是好好吃西瓜吧。

安全提示

无籽西瓜与避孕药毫无关系。

好了，谢谢程老师的具体解答。程老师为我们解答了关于西瓜六个方面的问题，这些也是我们在日常生活中常常遇到，并心存疑虑的问题。分别是：西瓜籽能不能吞食；西瓜“打针”的问题；膨大剂是否可以放心食用；糖尿病病人能不能吃瓜；吃西瓜是否容易摄入过多热量；无籽西瓜是不是避孕药处理的。在了解这些之后，我们就能当一个合格的“吃瓜群众”啦。

2-15

吃荔枝会得手足口病？

“日啖荔枝三百颗，不辞长作岭南人”。从古至今，美味的荔枝不但是杨贵妃的最爱，也成了普通老百姓爱吃的美味水果。近日一则“某幼儿园小朋友吃了荔枝之后出现高热，后来带去看中医，医生说现在的荔枝几乎都是用药水浸泡的，有弱腐蚀性，吃完后过一阵子会引起发热，还可能引发手足口病”的信息在微信朋友圈内热传。手足口病是传染病，既然是传染病就必须有传染源、传播途径、易感人群。病人、隐性感染者为主要传染源，该病主要通过病人的粪便、唾液、咽部分泌物污染的食物而传播，所以说荔枝只有可能被手足口病病人的粪便、唾液、咽部分泌物污染才会引起手足口病。当然任何一种食物只要被污染就会引起手足口病。那吃荔枝致手足口病的错觉怎么来的呢？不法商贩为了使荔枝更好看而使用喷洒或者浸泡“保鲜液”的方法，碰巧用的药水对某类人的皮肤有刺激性，那么就会引起皮炎，口腔溃疡；有人对荔枝过敏，除皮疹外还可能吃后头昏、腹痛、恶心、呕吐，甚至过敏性休克；当荔枝上市季遇上手足口病高发季节等因素。

荔枝自古就很受人们喜欢，现在的家长们自然也不吝啬买给孩子们吃。不过，网上一直流传荔枝都要用药水泡。还有传说某幼儿园的一名小朋友吃完荔枝出现高热，还引发手足口病。幼儿园甚至提示“请各位爸爸妈妈近段时间暂时不要买荔枝给小朋友吃”。那这些说法是真的吗？荔枝都是用药水泡的吗？会导致手足口病吗？程老师，对于这些说法您怎么看？

荔枝采摘后的确会用化学试剂浸泡清洗。实际上，在荔枝的采摘过程中，用化学试剂泡是一种非常常规的处理方法。化学药剂保鲜是目前应用最广泛的保鲜技术之一，不过必须强调的是，荔枝保鲜可不像保存标本那样要用到福尔马林。而且，我国农业标准中有规定，龙眼和荔枝采摘后都可用漂白粉溶液清洗，还可用杀菌剂浸泡处理，只要杀菌剂残留符合我国农业标准即可。同样，标准对冰温贮藏的荔枝也允许用漂白粉、杀菌剂浸泡荔枝。大家可能会疑惑，为何要用漂白粉清洗、杀菌剂浸泡呢？这些可是化学试剂啊。别看荔枝表面有一层铠甲样的外壳（果皮），其实它很“脆弱”。

荔枝是最不耐贮藏的水果之一。古时候就有人说荔枝“若离本枝，一日而色变，二日而香变，三日而味变，四五日外，色香味尽去矣”。“一骑红尘妃子笑，无人知是荔枝来。”为什么要快马加鞭？因为荔枝太容易坏了。荔枝不易贮藏与它的结构有很大的关系。

第一，它为什么容易脱水。荔枝外果皮上那些裂片突起，看似可以提供额外的防护，实际上，它们不仅很薄而其内部组织之间有很多空隙。荔枝果皮由三层组织构成（图 15-1）：最外一层为含花青素的栅状组织细胞，组织孔隙极多；中层是细胞间隙极大的海绵状组织，占果皮大部分；而最内层则是一层很薄的薄壁细胞。这个结构酥松而薄，水分非常容易借着空隙逃逸而去，加快荔枝的脱水。

图 15-1　荔枝果皮结构图

第二，它为什么容易变黑。荔枝的外果皮与中果皮之间的细胞含有多酚类物质，如果碰到多酚氧化酶和过氧化物酶，就会发生褐变作用，把很多无色的多酚类物质都变成黑色。

第三，荔枝很容易被各种微生物污染。荔枝产于热带、亚热带地区，成熟于高温高湿的夏季，这个季节也非常适宜微生物和害虫的生长与繁殖，因此，微生物的污染不但是荔枝贮藏中产生褐变的原因之一，而且还会造成荔枝腐烂变质。所以，如果不对荔枝进行任何防腐保鲜处理，很多人根本就吃不到荔枝的。

安全提示

用化学试剂浸洗荔枝可以杀灭其中可能存在的微生物，起到防腐保鲜的作用，有利于延长荔枝的保存时间，也方便贮藏运输，让大家都能吃到美味的荔枝。

由于荔枝外壳容易变黑，荔枝也可用二氧化硫气体熏、稀盐酸浸泡，来达到护色处理。需要强调的是，加入甲醛（福尔马林）、稀硫酸等其他药水则是不被允许的。

那用药水浸泡有没有安全隐患呢？

有媒体报道称“浸泡过药水的荔枝，人在接触后可能会引起手部的接触性皮炎。”“药水具有腐蚀性，若渗透到果肉，有可能对食管、胃部造成危害。”这类说法并没有考虑实际应用情况。实际上，浸泡用的杀菌剂、保鲜剂包括抑霉唑、咪鲜胺、特克多、噻菌灵等，他们的毒性一般都不高，而且用量都有严格限量，只要合理使用、符合标准，可以认为并不会对人有什么危害。

安全提示

为了吃到好的荔枝，需适当使用杀菌剂，但并不会对人体有什么危害。

当然，随着人们对食品安全的重视，越来越多的人开始担心杀菌、保鲜剂残留，可能危害人们的健康。世界各国都在寻找更加健康、安全的处理方法，这也是一个科学难题。比如通过调节贮藏环境的空气、温度、生物保鲜等方法，希望杀菌剂的使用越来越少。但是目前的现实是，在荔枝贮藏保鲜中，只依靠生理调节还是不行的，荔枝保鲜依然离不开杀菌剂。所以，只能在荔枝变坏与适当使用杀菌剂之间做一个权衡了。大家是希望能吃到好的荔枝呢，还是腐败的呢？对于消费者来说，这个选择题应该不难吧。

程老师，那为什么有消息说药水浸泡的荔枝会导致手足口病？

手足口病是一种由病毒引起的儿童传染病，目前的研究来看，浸泡荔枝的杀菌保鲜剂根本不含这种病毒。由于手足

口病容易在日托幼儿园、游戏场地、泳池等地方快速传播，也许有些小孩子可能刚好吃过荔枝，于是就会被人们当作是罪魁祸首，荔枝表示很冤。

手足口病的主要传播途径是口腔或呼吸道接触感染者粪便、口腔分泌物、疱疹内容物等。预防手足口病，应注意对被污染的日常用品、玩具、餐具、桌椅等应消毒处理，尽量少让孩子到拥挤公共场所，减少被感染机会，同时要教育孩子坚持饭前便后勤洗手，可有效预防病从口入。手足口病的发生和吃荔枝似乎关系不大。

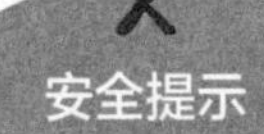

安全提示

预防手足口病应注意卫生，与吃荔枝并无直接关系。

那我们该如何挑选荔枝？

我国标准对不同的荔枝也进行了等级划分，其中特级是最好的，其次是一级和二级。特级的荔枝身材饱满，颜色更红润；而相对差一些（二级）的荔枝就更黑、更干瘪一些。所以，如果想挑选好的荔枝，尽量选择颜色红润、果实饱满的。如果荔枝已经明显腐败变质，就最好不要吃了。

还有传言说，有人一天吃了十几斤荔枝，在家七窍流血，救治无效……这些小道消息就不要相信了。而且，就算你真的能吃那么多荔枝，那也应该首先担心得是您的胃肠被撑得流血。

安全提示

适量吃水果，养成健康的饮食习惯。

我国膳食宝塔推荐每天吃水果 200 ~ 400g。正所谓过犹不及，营养健康主要还是在于饮食均衡，多吃同样是不健康的习惯。

听了程老师的讲解我们就会很容易的理解，荔枝采摘后用药水浸泡是因为不易储存；且用药水浸泡对人体并没有什么危害，是为了让消费者吃上好的荔枝；手足口病的发生与荔枝并没有什么关系。除此之外，我们要提高自己的辨别能力，对网络上的传言要先思考其是否属实，再下结论。这可关系到我们能不能放心的享受美食，一定要慎重。

樱桃含氰化物

樱桃采摘季要来啦，那些红艳鲜亮的樱桃，惹人垂涎，忍不住想大快朵颐。樱桃的含铁量特别高，每 100g 樱桃中含铁量多达 5.9g，居于水果首位。铁是合成人体血红蛋白、肌红蛋白的原料，在人体免疫，蛋白质合成及能量代谢等过程中，发挥着重要的作用，同时也与大脑及神经功能、衰老过程等有着密切关系。常食樱桃可补充人体对铁元素量的需求，以促进血红蛋白再生，既可防治缺铁性贫血，又可增强体质，健脑益智；吃樱桃还有美容养颜的作用，樱桃所含的蛋白质、糖、磷、胡萝卜素、维生素 C 等均比苹果、梨高，常吃樱桃对皮肤有好处；樱桃性温热，兼具补中益气的功效，能祛风除湿，常吃樱桃，对风湿腰腿疼痛有益处。樱桃虽好吃，但要适量，建议一天不要超过 15g，短时间内过多食用樱桃，会增加胃肠的额外负担，有可能损伤胃黏膜。近日，上海一植物园内的樱桃熟了。一位游客正感口渴，又被树上红红的樱桃所诱惑，便采摘了五颗尝尝。没想到，不一会儿便出现腹痛、头晕症状，晕倒在地。120 人员赶来急救，15 分钟后，病人稍微恢复些，被送往医院进一步检查。后经园方调查考证，樱桃核被压碎，咀嚼，或只是轻微破损，都会生成氢氰酸。吃樱桃一定不能吮吸或者咀嚼樱桃核。

程老师，最近看了一个新闻让我有点儿后怕，说是一位游客摘了5颗樱桃吃后出现腹痛、头晕症状，原因是吃的时候把樱桃核嚼破了，导致氢氰酸中毒。接着大量媒体报道称樱桃核含有剧毒物质氰化物，不能咬破。您说这樱桃还能吃吗？这氰化物到底是什么啊？怎么吃了还食物中毒了呢？

说到氰化物，很多人会联想到电视里的特工、间谍，很多人以为氰化物离我们很远。实际上氰化物就在我们身边，它其实并没有那么神秘。

氰化物是指带有氰基（－CN）的化合物，其结构由一个碳原子和一个氮原子通过三键相连接。真正具有强烈毒性的氰化物有三种：氰化钠（NaCN）、氰化钾（KCN）以及氢氰酸（HCN）（图16-1）。而其他一些物质，如铁氰化钾等，虽然也含有氰基（－CN），但因为很难解离出氰基离子（CN^-），所以毒性较小。氰化物会抑制细胞的呼吸作用，因而对人类和动物有害。人类氰化物急性中毒的症状包括呕吐、恶心、头痛、头昏眼花、心搏徐缓、抽搐、呼吸衰竭。氰化物中毒严重的可导致死亡。

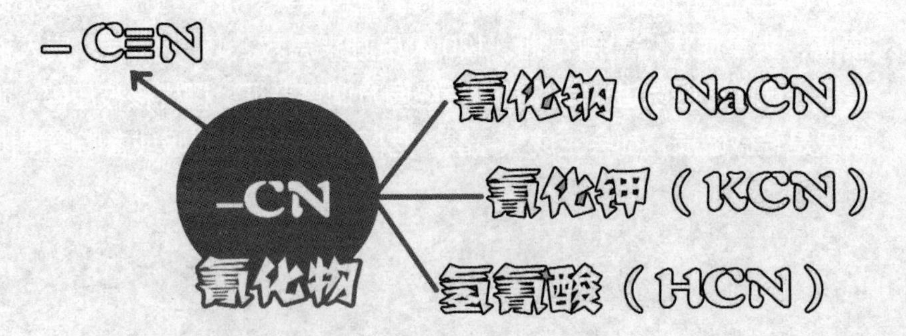

图16-1 氰化物

氰化钾的致死剂量在 50～250mg 之间，这与砒霜（As_2O_3）的致死量差不多。而决定是否致死，则需要看血 CN^-浓度达到多少，氰化物中毒血 CN^-浓度约为 0.5μg/ml，致死血 CN^-浓度≥ 1μg/ml。

氰化物的毒性极强。

这么严重啊！那植物中怎么会有氰化物呢?

植物中的氰化物通常是以氰苷形式存在的。很多蔷薇科植物的种子里都含有氰苷，比如桃、樱桃、沙果、杏、梨、李子、枇杷、樱桃的核仁也的确含有氰苷。不过，这些水果的果肉里是不含氰苷的。

需要提醒的是，氰苷本身是无毒的，只是当植物细胞结构被破坏时，含氰苷植物内的β- 葡萄糖苷酶水解氰苷生成有毒的氢氰酸，才会引起人类的急性中毒。也就是说我们咬破了樱桃核，它的植物细胞遭到了破坏，所以才引发的食物中毒。

目前全世界已经发现的氰苷大约有 50 多种，其中最有名的是苦杏仁，但新闻中樱桃核仁导致的氰化物中毒我第一次听说。那就拿樱桃核和苦杏仁来比一比吧。

第一，我们从含量上来看。苦杏仁中氰苷的含量大约是 2%～4%，它是蔷薇科植物里氰苷含量比较高的，折算成氢氰酸的话每克可含有几毫克。至于其他蔷薇科果实种子中的氰苷就低得多，比如每克樱桃核仁中的氰苷折算为氢氰酸后大约只有几十个微克，是苦杏仁的几百分之一。加上人们一般不会有意去吃樱桃核仁，因此樱桃核使人中毒的情况非常罕见。

安全提示

不要有意去吃樱桃仁，其次樱桃仁中的氢氰酸含量是非常小的。

第二，我们从中毒量上来看：氢氰酸导致人的中毒剂量大约是每 kg 体重 2mg 左右，新闻中提到的头晕者（成人，体重按 50kg 计算）吃了 5 颗樱桃核仁，一个樱桃的核仁只有几克，换算成氢氰酸最多也只有不到几个毫克。樱桃核中即使有氰苷也是很少，而且吃进去的氰苷也不一定能全部转化释放出氢氰酸，因此导致人中毒的可能性实在太小。

第三，从媒体的报道来看。这位病人的症状也并不严重，120 人员赶来急救后 15 分钟就有所恢复。所以，我认为更大的可能性是其他不适，而不是氰苷直接导致的中毒。

程老师，您刚刚也说了，很多蔷薇科植物的种子里都含有氰苷，那是不是吃这些食物都有可能发生食物中毒呢？

虽然氰化物有毒，但大家也不要过于惊慌。

第一，我说过氰苷本身是无毒的，只是当植物细胞结构被破坏时，含氰苷植物内的 β- 葡萄糖苷酶水解氰苷后生成有毒的氢氰酸才有可能会引起人类的急性中毒（图 16-2）。

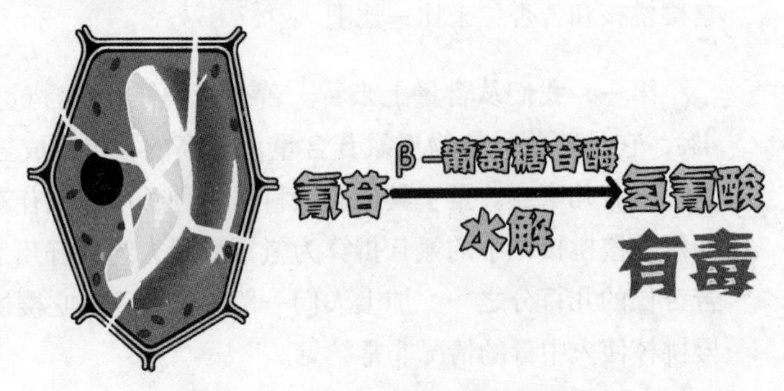

图 16-2　氰苷水解为有毒的氢氰酸

第二，氰苷也很容易去除。由于氰苷对热不稳定，因此彻底的加热是去除氰苷最有效的方式。研究发现，煮沸可以除去90%以上的氰苷。所以，国际上通常的建议是不要生吃含氰苷的食物。

安全提示

不要生吃含氰苷的食物，建议不要刻意嚼果核里的种子。

第三，对于消费者来说，水果的果核就别吃了，只要不是刻意去嚼果核里的种子，吃水果导致氰苷中毒的可能性几乎不存在。

您再给我们具体说说哪些食物里面含氰化物呢?

常见的含氰苷的食物还包括鲜竹笋、木薯、银杏果（白果）和一些豆类（比如利马豆）等。2008年，香港食品安全中心曾测定了香港常见食用植物中氰化物含量，检测结果发现，苦杏仁（北杏）、竹笋、木薯及亚麻籽样本的氰化物含量范围为9.3～330mg/kg；苦木薯的氰化物含量较甜木薯为高；氰化物含量在新鲜竹笋中分布不同，笋尖的氰化物含量最高（120mg/kg）；竹笋和木薯制品中氰化物的含量较低，范围为0～5.3mg/kg。

那我们平常生活中在食用这些含氰苷的食物时，有没有什么措施能够尽量避免氰化物中毒呢?

我这里有几个建议：一是吃可能含有氰苷的食物时，如竹笋、木薯等，尽量切成小块，并用沸水煮沸后再吃。二是不要生吃或咀嚼苹果、李子、杏儿、樱桃等水果的种子和果核。三是做果汁的时候，最好去除果核。

好的，非常感谢谢程老师细致而又专业的讲解。如果“樱桃含氰化物，导致氢氰酸中毒”的消息让我们对吃樱桃充满恐慌，那么程老师的讲解大大减轻了我们的担忧。只要我们不把果核咬碎，单纯的吃果肉是不会导致中毒的。

2-17

蔓越莓真的那么神奇吗？

现在越来越多的女性忙着“海淘”或请人“代购”蔓越莓胶囊。这些保健品以蔓越莓为主要原料制作而成。宣传中它的功效为：可预防妇女常见的泌尿道感染问题；养颜美容，维持肌肤年轻健康；抗老化，避免阿尔茨海默病；减少心血管老化病变；降低胃溃疡及胃癌的发生率。蔓越莓所含的初花青素，亦称为前花青素或浓缩单宁酸，是一种在其他蔬果中罕见的成分，它正是能够抑制这些致病细菌的物质；蔓越莓其实和其他莓类或常见的葡萄籽类似，可以改善已经硬化的动脉，让动脉恢复弹性，血液更为畅通，对于预防和改善心血管疾病具有明显效果；蔓越莓含有一种叫原菌幕的活性成分，研究发现它能够清除粘在膀胱壁上的细菌，并能去除因尿路感染和小便不畅而导致的小便异味。那么蔓越莓真的有这么神奇吗？让我们听听程老师的专业解读。

程老师，近些年，一种来自美洲的小浆果火了起来，健康网站、保健食品专柜和食谱中都开始出现它的身影，它就是蔓越莓（cranberry）。很多商家宣称，蔓越莓是一种非同寻常的“超级食物”，有预防和治疗泌尿道感染，呵护心血管、降血糖、预防癌症等功效，它真的如此神奇吗？

第一，说到蔓越莓，我先给您讲一个故事。1677年，新英格兰殖民地政府给当时英王查理二世进贡，包括两大桶印第安玉米、三千条鳕鱼以及三大桶蔓越莓。但经过长久的航行后，鳕鱼和玉米都腐坏了，只有蔓越莓以新鲜原貌展现在英王面前，因此就有蔓越莓可以抗癌长寿的说法。

第二，宣传说蔓越莓能治疗很多疾病，所以价格很高。其实蔓越莓生长在寒冷的北美（美国、加拿大）和南美（智利）的湿地，全球产区不到40 000英亩（1英亩≈4046.86平方米），物以稀为贵，不是因为它能治病而贵，而是因为它少而贵。智利的蔓越莓干口味纯正，品质稳定，这是国内蔓越莓的主要来源。

第三，说到底，蔓越莓也就是众多水果中的一种，作为水果，我们首先想到的营养素是维生素C。很多相关宣传也声称，蔓越莓“富含维生素C、抗氧化物质等多种营养素”。而事实上，蔓越莓中维生素C的含量大约是13.3mg/100g，这个量在水果中实在是不突出，还不如我们熟悉的橘子、红枣、菠萝、荔枝、芒果、木瓜多。

在宣传中说，有研究发现蔓越莓中的果糖可能具有抑制一些大肠杆菌在尿路吸附的作用，我们知道几乎所有的水果都含有果糖，这也实在不能算是蔓越莓的特色。在宣传中还说，蔓越莓中的原花色素，它的结构和花青素非常相似，也像花青素一样具有抗氧化的性质。蔓越莓确实含有不少原花色素，不过它在紫薯、葡萄、蓝莓、甘蓝等蔬果中含量也很丰富。如果说有特色的话，也许蔓越莓含有特殊化合物–浓缩单宁酸还算是一个特色。

这个原花色素是什么，它有什么神奇的功效吗？

围绕着原花色素，科学家们展开了大量的研究。其中，确实有些研究发现了它的一些“功效”，但也有不少研究得出了相反的结果。

美国罗格斯大学（Rutgers University，RU）的研究人员在1988年时从蔓越莓中分离出了原花色素，并发现它有抑制大肠杆菌的作用，随后她的研究团队一直致力于蔓越莓与泌尿系统感染的研究。然而，在20多年后的2012年，她结合自己和同行的研究结果却发现，蔓越莓产品对于防治泌尿系统感染并没有起到显著的作用。类似的情况也出现在苏格兰公共卫生研究与政策合作中心（SCPHRP）进行的另一项汇总分析当中。他们从2004年开始对蔓越莓的相关研究进行分析，在一开始的分析中，研究数据似乎倾向于蔓越莓汁“有效”的一面，但随着后续研究的增加，人们发现研究结果并不统一。综合来看，蔓越莓对泌尿系统感染的作用依然是证据不足的。

从目前的结果来看，蔓越莓预防泌尿系统感染的证据还不充分，而如果已经发生了感染，更是不能依靠它来治疗，还是尽早去医院看医生吧。除此之外，蔓越莓的其他“健康功效”，如降血糖、抗癌等，目前为止也都没有足够的证据支持。

安全提示

蔓越莓对抑制泌尿系统感染的作用不足，如泌尿系统感染需就医。

但是仍有很多企业都打着“改善泌尿系统健康”的旗号来推销蔓越莓产品。

在欧美国家，任何一款食品如果想要宣称某种健康功能，就必须先向当地的食品安全部门提交“健康声称”的申请。

实际上，国际上的权威健康机构对这种“改善泌尿系统健康”宣传并不是认可的，比如：以欧洲为例，目前世界上最大的蔓越莓生产商曾向欧洲食品安全局（EFSA）提交过“蔓越莓能帮助缓解泌尿系统感染”的健康声称申请。但是，欧洲食品安全局审查后认为证据不足，并没有予以批准。美国食品药品监督管理局（FDA）批准的健康声称中，也同样找不到蔓越莓的身影。

在预防泌尿系统感染的生活方式上，美国国立卫生研究院（NIH）等专业机构也只给出了“多喝水”的建议，而没有推荐人们专门去喝蔓越莓汁。这些权威机构的观点都是对当前所有的研究证据进行综合评估后得出的结论，还是可以信服的。

从这些权威健康机构的意见来看，蔓越莓真的没有什么特别神奇功效，大家还是不用太迷信了。

当然，作为一种水果，蔓越莓确实含有一些营养成分和抗氧化成分原花色素，在日常的健康饮食中也可以发挥它的作用，正常吃一些也是不错的。但是，这不意味着我们需要刻意地追求它。第一，从前面的分析来看，蔓越莓的“特别健康功效”并没有充分科学证据支持，原花色素等成分其实也不是蔓越莓独有。第二，蔓越莓作为水果还有一个特别大的缺点——太酸。在食品工业

中，酸味太多，最常见的做法就是甜味来凑。鲜蔓越莓味道很酸，直接吃并不会很好吃，所以，人们一般都是加糖做成饮料、果酱或者甜点才会好吃，而这就会带来额外的糖分摄入。在相关研究中，受试者往往要每天喝上两三杯蔓越莓汁，并持续好几个月，这其实也不容易做到。

市场上也有一些蔓越莓提取物制成的保健品，“抗氧化”是此类保健品的一大卖点。需要值得注意的是，虽然很多人也特别崇拜抗氧化，但抗氧化剂其实也不是多多益善的。不少研究发现，少量的抗氧化剂可以促进健康，但多了反而在某种程度上并不利于我们的健康。抗氧化是那种少量一点可以给你的健康锦上添花、但是多了就可能落井下石的东西。

抗氧化剂并不是多多益善，少量的氧化剂可以促进健康。

总的来说，蔓越莓跟草莓、蓝莓一样，就是一种水果而已。如果喜欢蔓越莓的味道，完全可以把它变成健康食谱的一部分，但寄希望于吃它治疗泌尿系统疾病、促进心血管健康等“保健功效”需要您谨慎选择。非常感谢程老师详细而专业的讲解，通过程老师细致的分析之后，蔓越莓其实也没有那么神奇，我们还是要理性选择，不要盲目迷信商家的宣传。

2-18

里脊肉的秘密

在炎热的夏季，羊肉串、里脊肉、烤鸡翅……路边各种各样的烤串受到广大市民喜爱，吃夜宵时约上好友，一起享用烤串和啤酒也是一大乐事。如果你认为，里脊肉串都是猪肉串那就错了。

根据前期肉品和水产品安全专项整治行动深入排摸掌握的线索，稽查支队的执法人员在现场发现，某企业正在组织工人用鸡肉生产加工“里脊肉串”、用鸭肉生产加工“羊肉串”。冷冻库里可以看到一箱箱的肉串，箱体外包装上标注“里脊肉串”，打开发现肉串的包装袋上却写着品名“速冻鸡肉串”、配料“鸡肉”。该企业法定代表人夏某企图用“障眼法”为自己辩解，认为自己没有用鸡肉冒充猪里脊肉。

执法人员又在该企业原辅料仓库发现含日落黄的复合食品添加剂。经初步调查，为了让肉串“卖相”更好，该公司涉嫌在“蒙古肉串”等产品生产加工中超范围使用“日落黄”食品添加剂。

随后，执法人员在冷库发现虚假标注食品生产日期的“早产”速冻肉制品“羊肉串”，这些“羊肉串”包装标识上的生产日期全部标注为实际生产日的前一天。

路边摊上的里脊串的确有很多的问题，本期节目跟随程老师，详细了解这被“神水”浸泡的里脊肉到底是怎么回事。

程老师，我最近在减肥，都好久没吃肉了，但是，我听说楼下新开的火锅味道很好，要不今天我放纵一下自己，我们一会儿去尝尝？

呵呵，那岂不是耽误你减肥了。说起这个火锅了，我问你个问题。

程老师这是要考我呐？来吧，对于吃，我可是专家。

好，那我就考考你。我要问的是咱们经常吃的里脊肉是由什么做的？

哈哈，这么简单的问题，当然是猪肉啦。难道不是？

我先给你看一则消息：

里脊肉根本不是猪肉。记者暗访了烧烤店、麻辣烫店、火锅店十多家，同样的肉串，店家的表述各不相同：猪肉、鸡肉、鸭肉和青蛙肉。这些肉串大部分都是从冷冻食品批发市场批来的。到批发市场一问，根本没有猪肉的说法。所有的批发商都说，里脊肉不是猪肉，以鸡肉为主。但有的包装上却明明写着“猪肉”。

如果真像批发商的说那样，以鸡胸脯肉代替猪肉，好奇君觉得问题也不算很严重。但为什么我们吃了那么多年里脊肉串，也吃不出它是鸡肉做的呢？有内行人告诉好奇君：不管什么肉，只要泡过一种“神水”，吃到你嘴巴里根本分不出来！“神水”由大量香精和色素勾兑，有人把“神水”泡肉串的过程叫做“整容”。出来的肉串也叫“整容肉串”。浙江仙居警方曾查处过做“整容肉串”的地下加工场，他们勾兑“神水”的有红卤粉、胭脂红等国家禁止添加在肉类制品的添加剂。一个窝点就查到了500万串“整容肉串”！

我的天哪，这也太恐怖了吧，市面上的里脊肉到底是什么肉？看来大家都是只顾着吃了，也没有吃出这是什么肉类。程老师，如果真像上面那则消息里说的，不管什么肉只要用“神水”一整容，就能变成我们吃的里脊肉，那这个“神水”到底是什么东西？

他们说的所谓“神水”中包括很多国家禁止添加在肉类制品中的添加剂，主要成分有胭脂红、红卤粉、酱肉护色剂、磷酸盐、泡打粉还有五香粉。

您说的这些添加剂都起什么作用了？

我来简单解释一下，胭脂红顾名思义，具有增色作用，可以把非常白的颜色酱成或者染成鲜艳的红色，但它超标使用，会对人体造成危害；红卤粉：增色增香；酱肉护色剂：保持颜色用的，但它所含的亚硝酸钠，亚硝酸盐具有一定毒性，可引起中毒甚至死亡；五香粉可掩盖肉类本身的气味。

那平时用颜值来判断的肉是否新鲜的想法是不可取的啊。

磷酸盐：可增加保质期，但人体摄入太多磷会使体内的钙无法充分吸收、利用，容易引起骨折、牙齿脱落和骨骼变形（图 18-1）；泡打粉可让肉片看上去更加饱满鲜嫩。还有一种添加剂也是他们所常用的。

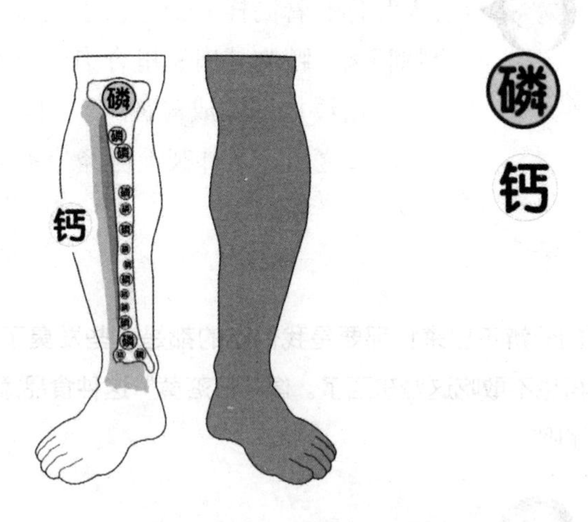

图 18-1　磷酸盐的摄入导致钙无法被吸收

还有一种？是什么啊？

“日落黄”，又名晚霞黄、夕阳黄、橘黄、食用黄色 3 号。不溶于油脂，中性和酸性水溶液呈橙黄色，遇碱变为红褐色。吸湿性强，耐热性及耐光性强，还原时褪色。溶于浓硫酸得橙色液。易着色，坚牢度高。

“日落黄”是一种人工合成着色剂，有增加外观颜色好看的作用；二氧化硫有防腐、漂白作用；甲醛是一种刺激性很强的化学物，医学上用作防腐剂。

明白了，这些添加剂真的这么神奇吗？

有人和你有着同样的困惑，于是做了个实验，分别准备了鸡胸脯肉、鸭胸脯肉、里脊肉（猪肉）和已经变馊变臭的鸡肉。用添加剂调成“神水”，肉片上浆后分别浸上一会儿。泡完之后，从外观上已经分不出什么肉了。

天呐，真的分辨不出来！那要是我们吃的都是这些发臭了的肉那该多恶心，以后再也不敢吃这些东西了。像“日落黄”这种食品添加剂，平时就不能食用了吧？

不是这样的。食品添加剂安全性评价的权威机构世界粮农组织和世界卫生组织的食品添加剂联合专家委员会对“日落黄”的安全性进行过评价，认为该添加剂的每日允许摄入量为 0 ~ 2.5mg/kg 体重。对于一种食品添加剂而言，每日允许摄入量是依据人体体重算出一生摄入一种食品添加剂而无显著健康危害的每日允许摄入量估计值。以一个体重为 60kg 的人的标准计算，日落黄每日允许摄入量为 2.5mg/kg，这个人每日日落黄摄入量为：2.5mg × 60=150mg。

与每日允许摄入量相对应的是人体每日对“日落黄”的实际摄入量，是通过摄入了多少含有日落黄的食物、在摄入的食物中日落黄的实际含量来计算的。

食品添加剂的每日允许摄入量和人体可能的摄入量是食品安全危险性评估、制定《食品添加剂使用卫生标准》的基础。就是说，《食品添加剂使用卫生标准》中规定的日落黄的使用范围和使用量，是在考虑了“日落黄”每日允许摄入量和消费者可能的每日摄入量之后，再进行危险性评估的基础上做出的，是能够保证消费者健康的。

尽管“日落黄”是我国批准使用的食品添加剂，但必须按照我国《食品添加剂使用卫生标准》（GB 2760—2014）规定的使用范围和使用量使用。“日落黄”可用于果汁饮料、碳酸饮料、配制酒、糖果、糕点等食品，但用量受到严格限制。根据规定，例如用于果汁饮料、碳酸饮料、配制酒、糖果、糕点上色、西瓜酱罐头、青梅、乳酸菌饮料、植物蛋白饮料、虾（味）片时，最大允许使用量为0.1g/kg。

虽然一些食品、饮料中可以限量添加“日落黄”，但在生鲜肉类、牛肉、酱卤肉、鱼干等熟肉制品、速冻调制食品中是不能添加的。因此，企业在其肉串制作中使用“日落黄”的行为是违法的。如果长期或一次性大量食用“日落黄”含量超标的食品，可能会引起过敏、腹泻等症状，当摄入量过大，超过肝脏负荷时，会在体内蓄积，会对肾脏、肝脏造成伤害。

安全提示

食品按标准添加“日落黄”是安全的，按照规定，牛肉、酱卤肉、鱼干等熟肉制品是不允许添加“日落黄”的。

程老师，您还没告诉我们里脊肉具体是指什么肉？

我们说所的里脊肉是指猪、牛、羊等脊椎动物的脊椎骨内侧的条状嫩肉（图 18-2）。里脊肉通常分为大里脊和小里

脊，大里脊就是大排骨相连的瘦肉，外侧有筋膜覆盖，通常吃的大排去骨后就是里脊肉，适合炒菜用。小里脊是脊椎骨内侧一条肌肉，比较少，很嫩，适合做汤。

图 18-2　不同部位的猪肉

这么听起来里脊肉应该很美味，那在生活中我们该如何挑选里脊肉并让它保持新鲜呢？

色泽红润，肉质透明，质地紧密，富有弹性，手按后能够很快复原，并有一种特殊的猪肉鲜味的就是比较不错的里脊肉啦。对于里脊肉的保存，可将其放在保鲜盒内，撒上少许绍酒，盖上盖，放入冰箱的冷藏室，可保持 1 ~ 2 天不变质。

哦，今天我又学到了新技能。那有没有什么人不适宜吃里脊肉呢？

里脊肉一般人都可食用。但是肥胖、血脂较高的朋友还是适量一些好。还有啊，今天所讨论的被“神水”浸泡过的里脊肉，这些并不是一概而论，不是所有的商家都是黑心的，但我建议大家为了健康，还是尽量少吃路边摊的东西。

安全提示

以后路边摊上的里脊串还是少吃为好。没准它光鲜亮丽的外表是“整容”的结果，比如加了“日落黄”“胭脂红”等。消费者长期食用这些添加剂，会对肝肾功能产生影响，对人体造成伤害，严重的可致癌。

2-19

腊肉

腊肉是湖北、四川、湖南、江西、云南、贵州、甘肃、陕西的特产，已有几千年的历史。由于通常是在农历腊月进行腌制，所以称作“腊肉”。熏好的腊肉，表里一致，煮熟切成片，透明发亮，色泽鲜艳，黄里透红，吃起来味道醇香，肥不腻口，瘦不塞牙，不仅风味独特，而且具有开胃、去寒、消食等功能。腊肉中磷、钾、钠的含量丰富，还含有脂肪、蛋白质、碳水化合物等物质。

质量好的腊肉，皮色金黄有光泽，瘦肉红润，肥肉淡黄，有腊制品的特殊香味。有较严重的哈喇味和严重变色的腊肉不能食用，而且长时间保存的腊肉上会寄生一种肉毒杆菌，它的芽孢对高温高压和强酸的耐力很强，极易通过胃肠黏膜进入人体，仅数小时或一两天就会引起中毒。所以，腊肠虽美味，仍需注意安全健康食用，学会尽享美食。

程老师啊，在正月里，大家对于年货的准备那是五花八门呢，鸡鸭鱼肉，海鲜，各种蔬菜、水果、坚果还有糕点。真的是想不胖都难。

是的，因为春节是海内外华人非常重要的节日，也是团圆的日子，准备各种好吃的那肯定是一年最丰盛的，而且备年货这个传统也是延续了很多年，民间的一句古话“民以食为天”嘛。

嗯，是的，虽然都是过春节，但是我们国家南北方过节的饮食风俗也是有很大差异的，饮食风俗，还是有地域性的。正如“南米北面”“南糕北饼”“南甜北咸”之类的演绎。说南有年糕、北有饺子，不能算错吧。

尤其是大年之际，这些饺子呀、年糕呀，它们都是象征意味浓郁的符号化食品，堪称餐桌上吉祥的经典。而且随着我国现在人口的流动和迁徙，很多异地的风俗在本地也能看到。

是的，程老师，我就发现这几年啊，我们这边吃腊肉的人越来越多了，我个人也比较喜欢吃，有味道，口感好。

嗯，是的。腊肉呢，是腌肉的一种，它主要流行于四川、湖南一带，但是在南方其他地区也有制作，而且陕西汉中、河南中原一带也有做腊肉的习惯，由于通常是在农历的腊月进行腌制，所以称作“腊肉”。

陕西离我们山西比较近，我感觉风俗还是比较接近的，他们也有做腊肉的习惯啊。

是的，据史料记载呀，在两千多年前，张鲁称汉宁王，兵败南下走巴中，途经汉中红庙塘时，汉中人用上等腊肉招待过他；又传，清光绪二十六年，慈禧太后携光绪皇帝避西安，陕南地方官吏曾进贡腊肉御用，慈禧食后，赞不绝口。

看来腊肉也是上等佳品呀。

是的，加工制作腊肉的传统习惯不仅久远，而且很普遍。每逢冬腊月，即“小雪”至“立春”前（图 19-1），家家户户杀猪宰羊，除留够过年用的鲜肉外，其余趁新鲜用食盐，配以一定比例的花椒、大茴、八角、陈皮、丁香等香料，腌入缸中。7 ~ 15 天后，用粽叶绳索串挂起来，滴干水，进行加工制作。选用柏树枝、甘蔗皮、椿树皮或者草火慢慢熏烤，然后挂起来用烟火慢慢熏干而成（图 19-2）。

小雪　　立春

日	一	二	三	四	五	六	日	一	二	三	四	五	六
		1 初二	2 初三	3 初四	4 初五	5 初六		1 小年	2 廿四	3 廿五	4 立春	5 廿七 六九	6 廿八
6 初七	7 立冬	8 初九	9 初十	10 十一	11 十二	12 十三	7 廿九 除夕	8 春节	9 初二	10 初三	11 初四	12 初五	13 初六
13 十四	14 十五	15 十六	16 十七	17 十八	18 十九	19 二十	14 七九	15 初八	16 初九	17 初十	18 十一	19 雨水	20 十三
20 廿一	21 廿二	22 小雪	23 廿四	24 廿五	25 廿六	26 廿七	21 十四	22 十五 元宵节	23 十六 八九	24 十七	25 十八	26 十九	27 二十
27 廿八	28 廿九	29 11月大	30 初二				28 廿一	29 廿二					

图 19-1　节气“小雪”到“立春”

甘蔗皮
草堆

图 19-2　熏烤腊肉的材料

制作工艺这么有讲究，还要用粽叶、柏树枝、椿树皮这样的东西，还要熏烤。

对，这样熏好的肉，表里一致，煮熟切成片，透明发亮，吃起来味道醇香，不仅风味独特，而且具有开胃、去寒、消食等功能呢。说到这个腊肉，它还有一个特别重要的特点。

是什么？

这个腊肉从鲜肉加工、制作到存放，能够长期保持香味，不容易变质。因为是柏树枝熏制，到了夏天蚊蝇不爬，经三伏天而不变质。

说了这么多，口水都要流出来了。但是，程老师，我们不能忘本，不能忘记我们节目的宗旨，我们是要让大家如何健康安全的享受美食。那制作和食用腊肉，我们应该如何注意呢？而且这腊肉一腌制就是好多天，在制作过程中会不会被细菌侵袭呢？

腊肉等这些腌制食物在腌制过程中，会使用大量的盐，正是在高渗透压的影响下，它会使食品组织内部的水渗出，微生物的正常生理活动受到了抑制，从而有效地防止了食物的腐败变质。

安全提示

腊肉在腌制过程中使用大量的盐，在高渗透压的影响下，有效防止腐败变质。

那我们该如何选购腊肉呢？

1. 腊肉色泽鲜明，肌肉呈鲜红或暗红色，脂肪透明或呈乳白色，肉身干爽、结实、富有弹性，并且具有腊肉应有的腌腊风味，就是优质腊肉。反之，若肉色灰暗无光、脂肪发黄、有霉斑、肉松软、无弹性，带有黏液，有酸败味或其他异味，则是变质的或次品。

2. 购买时要选外表干爽，没有异味或酸味，肉色鲜明的；如果瘦肉部分呈现黑色，肥肉呈现深黄色，表示已经超过保质期，不宜购买。

安全提示

购买腊肉时要到正规厂家，选择色泽鲜明、外表干爽的腊肉，还要注意标签和色泽信息。

3. 由于某种原因，一些不法商贩非法制作腊肉，使用国家禁止的添加剂（如工业盐、不安全染色剂等）和过期变质的肉品加工，请消费者在购买时注意到正规厂家和商家购买，并且注意观察腊肉相关标签和色泽信息。

那我们买好了腊肉，在储存方面需要注意什么呢？

腊肉作为肉制品，并非长久不坏，冬至以后大寒以前制作的腊肉保存得最久且不易变味。腊肉在常温下保存，农历三月以前味道是最正宗的时候，随着气温的升高，腊肉虽然肉质不变，但味道会变得刺喉。所以农历三月以后，腊肉就不能在常温下保存了。最好的保存办法就是将腊肉洗净，用保鲜膜包好，放在冰箱的冷藏室。总体来说，低温、干燥的环境适合腊味的保存。腊肉的保存期一般为 3 ~ 6 个月，根据腊肉本身含水量、周围温度和湿度的不同，其保存期也不同，如果超过 6 个月，质量就很难保证了。

安全提示

低温、干燥的环境适合腊味的保存，但其并非长久不坏，不宜存放时间过长。

虽然很多人喜欢吃腊肉，但是从健康的角度来看，吃腊肉是要适量的。现在就让程老师给大家普及一下吃腊肉有什么要注意的。

首先，大多数腊味制品都是由新鲜肉制作而成的，为了能够存放时间长并且保鲜，加工和腌制过程中都放了大量的盐。特别是一些经过腌制熏烤的腊味，亚硝酸盐的含量会更高。要吃腊肉，最好先用水泡上一段时间，或者先用水煮再加工。

所以，如果长期大量进食腊肉，很容易造成盐分摄入过多，从而会引起血压的升高或波动。

再一个就是腊肉的脂肪含量是非常高的，虽然在腊肉制作过程中，盐使细胞水分减少了，但丝毫没有使脂肪流失，相反却使脂肪的相对含量增加了。

那我以后还是少吃吧，我一听到脂肪我就要三思了。

从营养和健康的角度看，腊肉是一种“双重营养失衡”的食物，对很多人，特别是高血脂、高血糖、高血压等慢性疾病病人和老年朋友而言，有些不太适合。

可是有时候实在有点馋，那么程老师我们该如何在食用腊肉的同时又能照顾到健康呢？

建议浸泡清洗腊肉多次，毕竟亚硝酸盐具备一定的可溶性，在水中可以清除一些。还有就是采用蒸煮等方式进行烹饪时，降低肉里的盐含量。可以在肉里加一些苦藠，俗称小蒜，可以减轻亚硝酸盐的含量。总之，做腊肉不宜高温油炸，也不宜单独食用。

是的，观众们一定要记住要尽量降低在烹饪腊肉时的盐含量。

最后呢，喜欢吃腊肉的朋友，尽量多吃点新鲜蔬菜和水果。水果中含有一种水溶性抗氧化剂，能分解亚硝酸盐，阻止亚硝胺在体内合成，预防癌症。

是的，大家在正月里吃这些腌制品的时候一定要注意适量，不要多吃。

安全提示

食用腊肉时，最好先用水浸泡，腊肉不宜高温油炸，也不宜单独食用。尽量配菜多吃新鲜蔬菜和水果，分解亚硝酸盐。

2-20

肉丸为什么这么筋道?

丸子是中华民族传统美食，尤其节日期间，更是餐桌上必不可少的美味，因为它的寓意就是“团团圆圆”。中国幅员辽阔，菜系众多，丸子的做法也各有差异。据了解，大体上有蒸、汆、炸等做法。蒸丸子讲究入口即化，在江浙一带盛行，以狮子头为代表；汆丸子讲究有嚼劲儿、弹牙，在广东一带流行，以牛肉丸、鱼丸为代表；炸丸子讲究酥脆，在北方很受欢迎，以干炸丸子为代表。最近，有媒体报道称，现在的丸子吃起来非常筋道，是因为加了肉弹素。喜欢吃肉丸子的人表示很担心：肉弹素是什么？加了肉弹素的丸子能吃吗？肉弹素的主要成分是精制酵母和精制淀粉，粉状，无异味，耐高温，呈晶体状，由各种天然食用添加剂配制而成，可帮助岩溶性蛋白质抽出，增加肉制品爽脆性及保水性，可广泛用于肉制品。比如，用传统的方法使丸子有弹性，食材中瘦肉的比例要高，而且不能切，如果像平常制作狮子头一样用刀子剁肉，肉的纤维就会完全断掉，最终的成品也会缺乏嚼劲，因此只能用棒子或者锤子敲打，这样才不会使肉的纤维断掉。这种方法费时费力，而加入肉弹素的话省钱省工。

程老师，我今天再请教您一个关于吃火锅的问题吧？说起这个吃火锅，当然少不了各种丸子，像牛肉丸、鱼丸、虾丸等。这些丸子价格不贵，口味也不错，还特别的筋道，比牛肉、羊肉还受欢迎呢。我今天的问题就是关于这个丸子的。说起这个筋道，我想起来在周星驰的电影《食神》中，曾经有撒尿牛丸的做法，片中莫文蔚挥舞木棍拍打牛肉的场景让我印象挺深刻的，她用木棍捶打牛肉做丸子，是为了使牛肉更筋道，那为何现在机器制作出来的丸子，也这么筋道呢？

要使肉丸有弹性更筋道，用传统手法的话成本高昂，程序复杂。现在机器制作的基础上，一般加入肉弹素（图 20-1），是省钱省工的办法。

程老师，这个肉弹素是什么物质呢？

肉弹素，也叫高弹素，顾名思义，它能够让肉类食物吃起来更有弹性，让肉丸吃起来有非常筋道的口感，其实，在肉弹素里发挥作用的主要成分是磷酸盐类，肉弹素其实就是一种复合磷酸盐。

图 20-1　肉弹素

肉弹素是一种复合磷酸盐，它是在食品加工中应用两种或两种以上的磷酸盐的统称，是一种应用非常广泛的食品添加剂，在我国，常用的磷酸盐有磷酸、磷酸氢二钠、六偏磷酸钠等，现在市场上销售的肉弹素大多含有六偏磷酸

安全提示

肉弹素是一种广泛用于肉类中的食品添加剂。

钠、三聚磷酸钠、焦磷酸钠这三种磷酸盐。在食品中添加这些物质可以有助于食品品种的多样化，改善其色、香、味、形，保持食品的新鲜度和质量，并满足加工工艺过程的需求。在我国食品添加剂标准 GB 2760—2014 中，磷酸盐类物质可以作为水分保持剂、膨松剂、酸度调节剂、稳定剂、凝固剂、抗结剂等使用。在食品中是很重要的品质改良剂。

复合磷酸盐有这么多的功能，那它在肉丸中是如何发挥作用呢？

磷酸盐能增加肉丸保持水分的能力，肉丸的弹性主要是来自蛋白质的凝胶作用。在肉丸生产过程中，如果想要保证形成良好的蛋白质凝胶，就需要提高保水性。蛋白质是一种高分子物质，通过形成三维的凝胶结构，蛋白质分子的空隙间就能包容进更多的水分子，保持水分的能力就提高了。肉弹素加入到肉丸中，磷酸盐就可以促进蛋白质三维凝胶结构的形成，就能增加保水能力，进而改善肉丸的品质，使肉丸更有弹性（图 20-2）。

图 20-2　肉丸中加入肉弹素

好吃的口感就是吸引我们消费者的一个重要因素。其实在日常生活中，除了肉制品，你还可以看到复合磷酸盐的广泛应用，比如在面制品，像面条中的使用可以使面条更加筋道有弹性；在海产品中，复合磷酸盐可以减少海产品在运输贮存程中鲜味及营养成分的流失；在饮料中，磷酸盐可以使维生素C保持稳定，防止氧化损伤。在炸油条中，它作为一种新型的膨松剂使用。

原来它应用这么广泛。我们都知道，不管是什么添加剂，都要注意量的把控，那我们国家对于复合磷酸盐的使用量是如何规定的呢？

我国国家标准《熟肉制品卫生标准》中规定，熏煮火腿中复合磷酸盐（以磷酸根离子计）的量不得超过8.0g/kg，其他熟肉制品中的残留量不得超过5.0g/kg。

程老师，那目前我们最担心的还是复合磷酸盐的安全性，万一有人过量的摄入磷后，会对身体造成什么影响呢？

过多的磷对健康是不利的，我们知道，摄入过多的磷会破坏人体内的钙磷平衡（图20-3），增加钙的流失，可能会导致骨质酥松等问题。但这个“过多”是指来自所有食谱中的磷，而不仅仅是作为食品添加剂的磷酸盐。

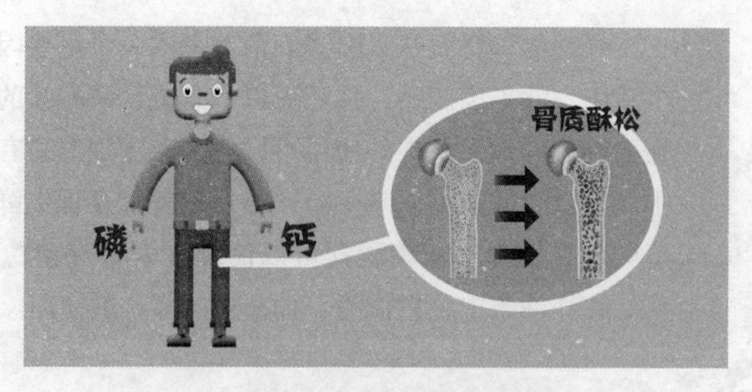

图 20-3　摄入过多的磷导致骨质疏松

世界卫生组织和联合国粮农组织下的食品添加剂委员会评估认为，人体的安全摄入上限是每天每 kg 体重 70mg 磷，换算成磷酸盐，这个量就会更大。因此可以认为，我们每天摄入的肉制品中的复合磷酸盐一般是不会达到这个量的，况且肉制品中的磷只占总摄入量的一部分，担心磷摄入过量其实还是得控制整个膳食的平衡。也就是说我们吃肉丸，并不需要担心复合磷酸盐的安全问题。

安全提示

避免磷摄入过量需要控制整个膳食的平衡，我们每天从肉制品中摄入的复合磷酸盐并不会达到安全上限。

但是需要提醒的是，消费者也不用太担心商家会过量添加复合磷酸盐。事实上，人们研究发现，适量添加磷酸盐，肉制品保水能力越强，口感更筋道，但是如果使用量过大，肉丸的持水能力反而下降，使肉制品组织变粗糙，口感反而不好了。一般来说，磷酸盐的使用量应控制在 0.1% ~ 0.4% 范围内。多加肉弹素会破坏肉丸的口感。这种“赔了夫人又折兵”的事，我相信大部分商家都是不会做的。

非常感谢程老师给我们做了如此专业的解读。火锅是许多人的最爱，那肉丸子是火锅中必不可少的“作料”。轻轻一咬，Q 弹筋道的感觉逗留在唇齿间，“噗嗤”一声浆汁溢出来，配着火锅底料的香鲜酸爽，真是太幸福啦。目前来看，加了肉弹素的丸子是安全的，放心吃但不能贪多哦。

2-21

辣鸭脖会致癌吗？

卤鸭脖有多受“吃货”们的喜爱？2016 年，某鸭脖品牌在香港联交所主板挂牌上市，这里面离不开吃货们的“神助攻”。可见，鸭脖在吃货心中占据着无可比拟重要位置。《消费者报道》曾向第三方权威检测机构送检了四个品牌 11 款鸭脖，对比测试其钠、亚硝酸盐含量。测评结果显示，11 款鸭脖的钠含量普遍较高，吃大半盒（约 150g）就将超过国家推荐摄入量，而根据调查问卷结果显示，有 59.1% 的消费者一次能吃完大半盒及以上的鸭脖。鸭脖之所以好吃，除了需要较好的原材料外，还需要添加各种调味物质。各厂家都会添加一定的食盐来调味，使它更符合消费者的口味需求。食盐的成分主要是氯化钠，人体摄入的盐过多会引发高血压，也有可能引起水肿，增加肾脏的负担。对于喜爱鸭脖的吃货来说，这个问题并不严重，我们可以控制鸭脖的食用量来避免体内摄入盐过多。但是最近网上有传言说：“鸭脖上淋巴多，吃多了会得淋巴癌！”这可不是少吃就能解决的，众多吃货表示将“忍痛割爱”。那这个消息到底是不是真的呢？程老师对“卤鸭脖”的专业解读也许能安慰众多吃货“受伤的心”。

程老师，有句话不知道您听过没？“啃着鸭脖哼着歌，开瓶啤酒躺着喝。”这是很多人的一种境界向往，因为鸭脖的独特口味，很多人喜欢吃鸭脖。

是的，我们在大街上也能看到很多鸭脖店。说到这个鸭脖，它的历史也比较久远了。

这个鸭脖，又叫酱鸭脖，它是属于酱汁类食品。鸭脖最早起源流传于清朝洞庭湖区的常德，后来经湖南流传到四川和湖北等地，现在几乎全国都有卖酱鸭脖的。它是通过多种香料浸泡，然后经过风干、烤制等工序做成，成品色泽呈深红，具有香、辣、甘、麻、咸、酥、绵等特点，是一道开胃、佐酒佳肴。

是的，我也特别喜欢吃鸭脖。但是最近我在网上看到了一些关于鸭脖致癌的说法，让我顿时停住了嘴。这个消息伤了很多吃货的心，说鸭脖上面的淋巴很多，而淋巴是用来排毒的，吃多了不利于人体健康，甚至会得淋巴癌。而且还有网友把清理鸭脖子时所拍摄的照片传了上来，并声称那些椭圆形的肉球就是鸭子的淋巴。吓得我是不敢吃了。您还是快来给我们讲讲这到底是怎么回事？

人们现在一谈到淋巴就色变，是因为淋巴是动物的一个免疫器官组织，在哺乳动物身上比较发达，但是在禽类上已经退化，而退化的淋巴结只有在一些大腿根和腋下才有，而且都很小，基本上可以忽略掉。那么鸭脖中就没有淋巴了。网上这张照片中那些椭圆形的肉球并不是淋巴，而是胸腺。

胸腺是禽类动物的免疫器官组织。不仅仅是鸭子，鸡、鸭、鹅这些常见的禽类都会有胸腺，家禽类动物的胸腺有多对，位于颈部两侧，紧贴颈静脉排列成行，鸡有 7 对，鸭有 5 对（图 21-1）。我们从照片里看到的胸腺，要比正常的胸腺大一些，这说明这只鸭子可能有炎症或者生病了，造成免疫器官的增大，来对抗病毒。而正常健康鸭子的胸腺应该也没有照片中那么大。

图 21-1 常见的长有胸腺的禽类

程老师，这些椭圆形的肉球不是淋巴，而是胸腺，那正常的胸腺吃了，我们人体会有什么问题吗？

鸭的这个胸腺是连在皮脂上的，在屠宰鸭子的时候，尤其是在做鸭脖的时候，胸腺会随着皮脂都会被扔掉的，鸭脖上基本上就是骨头和肉了，所以吃这个鸭脖是安全的。

安全提示

把鸭脖子上的皮处理干净即可处理掉胸腺，建议不要过多吃胸腺。

不过，还有一点要提醒的是，胸腺跟淋巴虽然不一样，但胸腺也会产生 T 淋巴细胞，虽然没有更多的研究来证明它会影响我们人体对激素的调控，但是我们还是建议，不要多吃这个胸腺。大家如果在吃鸭脖的时候在意这个胸腺的话，把脖子处的皮脂处理干净即可。

那经常有人说淋巴吃多了会得淋巴癌，这个说法是真的吗？

吃淋巴和得淋巴癌，这两者是没有必然联系的。现在并没有科学的依据或者医学数据能够说明吃淋巴一定会得淋巴癌。

我们知道，动物的淋巴组织及器官遍布动物全身，就是在禽类的脖子上，皮下和骨头连接的地方也有一些小型淋巴组织，而完全将这些小型的淋巴组织去除并不现实，即使是已经被去了皮和胸腺的鸡脖、鸭脖，依旧还有一些小型的淋巴集结体，这些小型淋巴组织如果没有发生病变，吃下去倒也不会对健康产生危害。少量摄入，人体完全可以消解掉。

其实，不管什么东西，如果你这样东西多吃的话，别的东西可能就会少吃，因此还是建议大家均衡饮食，有良好的生活方式，提高自身的免疫力才会减少癌症的发生。

安全提示

吃“淋巴”会得淋巴癌这种说法至少在目前是没有科学依据的，不必相信。但减少癌症发生最重要的还是均衡饮食，有良好生活方式，提高自身免疫力。

从小父母就教导我们吃鸭不要吃淋巴，今天才知道原来鸭脖子上面根本没有淋巴。

但是王君，我们平时在购买鸭脖的时候要注意，虽然品牌鸭脖店在淋巴结的处理上比较规范，但是在一些集贸市场和个体食品店有可能没有很好地处理鸭脖，这就令人担忧了。淋巴结是通过吞噬细菌和病毒来免疫的，脖子是动物淋巴结比较集中的部位，病毒和细菌会大量残留，以结节状呈现。长期食用带淋巴结的鸭脖子肯定是会有健康风险的。所以建议大家一定要到正规的超市或者专营店购买鸭脖，相对有保障，而且要注意向商家索取购物小票。

安全提示

去正规超市和专营店购买鸭脖，同时食用鸭脖要适量，以免对肠胃造成负担。

在这里还要提醒一下大家，鸭脖子过咸、过辣，常吃对心血管和胃肠道的影响比较大，还是得适量。

嗯，通过程老师的专业讲解后，我们可以确定“鸭脖子上淋巴多，吃鸭脖能致癌”是一则假消息了。尽管鸭脖子美味，但是我们一定要适量食用，其次一定要去正规超市和大型专营店购买。

2-22

正确认识卤肉制品

卤制品的起源可以追溯到遥远的战国时期。史书中关于卤菜的最早记载，是战国时期的宫廷名菜“露鸡”。《楚辞 · 招魂》和《齐民要术》中记载了“露鸡”的制作方法。古文字学家郭沫若根据这些记载在《屈原赋今译》中将其解作“卤鸡”。而此后红卤的烧鸡、白卤的白斩鸡都是根据“露鸡”发展得来的。有了炊具之后，人就开始折腾烹饪技法。“甑”“蒸”“炸”“瀹”“烙”等法也随之先后产生。从这种种原始烹调方法，逐渐发展到《齐民要术》中介绍的“绿肉法”，“卤”“浸”等法也随之问世。到明清时期，“卤水”的材料和配方基本固定，从此，“卤”这种制作方法正式登上台面。卤制品是中国的传统食品，其主要特点是成品都是熟的，可以直接食用，产品口感丰富，风味独特。卤菜不是单一的烹制法，而是集烹制（加热）与调味二者于一身，它的特点十分明显，取材方便，可丰可俭，质地适口，味感丰富，香气宜人，润而不腻，携带方便，易于保管，增加食欲。那么，怎样才能正确认识卤制品呢？

程老师，我们都知道鸭脖致癌的说法是没有科学依据的。我们知道鸭脖也是一种卤肉制品，说到这个卤味制品，也是很多人的最爱，程老师，今天我们就跟大家探讨一下这个卤味制品。

好的。这个卤味，主要是指用卤法制成的冷菜，种类很多，它主要是通过将初步加工和焯水处理后的原料放在配好的卤汁中煮制而成的菜肴。我们现在一般把它分为红卤、黄卤、白卤三大类。川卤在全国最普遍，多以红卤为主，潮汕地区卤肉最为出名，已经走出国门。

川卤，是指四川那边制作的卤味吗？程老师，这红卤、黄卤、白卤是什么意思？

这个主要说得是卤汁。卤汁的配制，是做好卤菜的首要关键。卤汁配制的好坏，将直接影响到卤菜的色泽和口味质量，而这个卤汁主要有红卤汁、黄卤汁、白卤汁三大类。

程老师，那这个卤味是从什么时候开始的？

中国的卤味应该已经有上千年的历史。我们知道中国饮食文化博大精深，由于地域差别，受地区自然地理、气候条件、资源特产、饮食习惯等影响，公认的分类有鲁、川、粤、闽、苏、浙、湘、徽等菜系，这就是人们常说的“八大菜系”。

其中粤菜以南宋人的夸张描述“不问鸟兽蛇，无不食之”，并以特有的菜式和韵味，独树一帜，扬名海内外。但在“八大菜系”中，不得不提的便是有着“食在中国，味在四川”美誉的川菜。作为我国的主要菜系之一，其影响力十分深远。而川味的凉卤菜肴作为川菜的组成部分，也是川菜精华所在，其地位极其重要。

看来卤味的历史是够久远的。而且我发现不同地区的卤味制品口味也各有特色：东北卤制品是鲜咸红亮的，川式卤制品就比较辛辣浓香，淮扬卤制品味道比较鲜美但是有点发甜，而潮式卤制品则比较味柔香软。

是的，王君，你不愧是吃货一枚啊，分析得很对。卤制品之所以能风靡全国各地，备受消费者的青睐，这与它本身所具有的特色是分不开的。首先，卤制品风味独特。在调味品的作用下，卤制品色泽悦目，给人一种心理上的享受，能够勾起人的食欲。

是的，我们小区楼下就有一个卤肉店，每次去买的时候，都会买得比较多，家里有人来喝酒的时候，也是下酒菜的首选。

是的，咱们平时旅游的时候在火车上啊，特别是到了南方，总能听到火车上卖一些卤鸭脖、卤猪蹄、卤凤爪等，这也算是一种地方特色。

程老师，刚才我们讲了那么多卤肉的历史文化、特色美味等，但是提到美味的东西，少不了提到食品添加剂。而在卤味制品的制作中，亚硝酸钠就

是很多商家会添加的一种食品添加剂，这种食物添加剂加入到食物中，会让食物的颜色非常鲜艳，不至于让食物的颜色变浅，在腌制类的食物中，亚硝酸钠的使用范围是最广的。

是的，但是要记住，如果长时间食用添加亚硝酸钠的食物，会造成其中的亚硝酸盐和蛋白质、氨基酸、磷脂等有机物发生化学反应，生成了亚硝胺，这种物质是具有致癌风险的，会给消费者的健康带来伤害（图 22-1）。

图 22-1　制作卤味的过程中产生亚硝胺

卤味，虽然美味，但是我们一定要注意适量，很多人因为爱吃喜欢吃，很容易过量食用，这都是要避免的。程老师，那在人们吃卤味的方面，您有什么建议吗?

嗯，在这里，我说几点建议，首先吃卤味制品一次吃不完要加热后再吃。并且剩下的储存在冷冻室要相对安全一些。但取出食用前应充分加热，用高温、热透的方式杀死可能存在的微生物，防止出现食物中毒的风险。

嗯，是的，大家可不要为了省事想着反正是熟食就不加热剩下的再次直接吃，这样对身体是不利的。

我们在选购卤味制品的时候，要知道，真空包装比散装的安全系数要高。真空包装可抑制有害微生物或环境污染物侵入。购买时要看清包装上的营养标签和生产日期、保质期，检查包装是否漏气。一般情况下，保质期内的食品不会有微生物超标的问题。

其实，我个人感觉，一些带有包装的卤味食物相对没有包装的卤味食物来说价格高一些。其实，只要能够一顿吃完，那么性价比高的散装卤味食物还是值得购买的。

最后呢，还是得说下要尽量少吃卤味。卤制品在加工过程中，组成蛋白质的氨基酸和调味料的硝酸盐、亚硝酸盐等成分会溶入到汤里，并逐渐浓缩，因此反复使用的卤或汤可能存在亚硝胺含量升高的问题。同时，过度依赖大量食盐、香料和增鲜剂制作的卤味食物，长期食用容易让人味觉敏感度下降，对日常的清淡食物失去兴趣，不利于整体膳食健康。

是的，我突然就想到了一句话，“只要剂量足，万物皆有毒”。虽然话有点粗，但还是要告诉我们什么东西都得适量，我们可以偶尔吃一下尝尝鲜，但是不能频繁地去食用。

2-23

复原乳你知多少

说起我们的奶制品，牛奶在我们生活中可以说占据着举足轻重的地位，从历史上看世界各国都把牛奶作为强国富民的目标，美国在 20 世纪 30 年代就开展“三杯奶”运动，第二次世界大战期间日本通过大力发展奶产业国民体质有了显著的提高。

但近期乳业江湖关于复原乳的争议再起，已引发业内热议。国内相关部委和地方食药监局纷纷展开对复原乳的监管行动，多地“动刀”复原乳。农业部配合食药总局于 2015 年 2 月开展了复原乳相关检查：组织 2015 年度复原乳风险监测，并将有关结果通报给食药监总局，组织农业部奶及奶制品质量监督检验测试中心修订完善复原乳检测方法标准，并于 4 月 1 日公布实施了该标准。

进入 5 月份，湖北省食药监局率先向复原乳“开炮”。自 5 月 16 日起至 20 日总共通报了对十一家企业复原乳标签标识问题突击检查的情况，多家企业因复原乳标注不醒目和投料记录不完善的问题被要求整改。

我国乳品市场对复原乳的问题一直讳莫如深，却又争议不断。在乳品生产链条上，上游养殖企业“怕”复原乳，中间乳制品加工企业“爱”复原乳，终端消费者却又“不懂”复原乳是什么。

那复原乳究竟是奶制品中的什么呢，有人说“复原奶由于经过超高温处理，营养流失严重”，“其营养价值甚至还不如冰激凌和雪糕”“甚至它是假牛奶”那么复原乳真的有这么可怕么？接下来，我们就来了解“复原乳”的奥秘。

很多人平常都喜欢喝一些奶制品，不知道您有没有注意到有些奶制品的外包装上会标注复原乳的字样。这个复原乳会像传闻中说的有害身体健康吗?

我还是那句老话，对于我们每个百姓来讲，搞清楚两个问题是至关重要的，那就是能够科学的区分：感知的危害和真正的风险。

关于市场上复原乳乱象可能原因在于复原乳的成本相对而言非常低廉，利润空间较高，像一些国外的奶粉价格大约在每吨 1.2 万元左右，一吨奶粉可以还原成 8 吨液态奶，而 8 吨鲜奶在国内仅收购价就达 2 万元以上，这么大的利润空间使得厂家对复原乳有着强烈的追逐利益心理，并表现出“趋之若鹜”的状态。

那我们说了半天，复原乳到底是什么呢（图 23-1）？

复原乳，又称还原奶、再制奶。

它其实是用浓缩乳或乳粉加适量的水后，重新做成与原乳中水、固体物比例相当的乳液。复原乳是国家标准允许生产销售的，只需要明确标明“复原乳”或者“含有 ××% 复原乳”就可以。

图 23-1　复原乳

通俗地讲，复原乳就是用奶粉勾兑还原而成的牛奶。加工方式有两种：一种是在鲜奶中掺入比例不等的奶粉；另一种是以奶粉为原料生产的饮料。

明白了，复原乳并不是劣质产品，只要它规范生产，规范标注，消费者就可以放心购买。

对，我国国家标准规定酸牛奶、灭菌奶及其他乳制品可以用复原乳作为原料，但巴氏杀菌奶不能用复原乳做原料。同时，以复原乳为原料的产品应标明为“复原乳”，或在配料表中注明“水、奶粉”。

为便于消费者做出购买选择，凡在灭菌乳、酸牛乳等产品生产加工过程中使用复原乳的，不论数量多少自2005年10月15日起，生产企业必须在其产品包装主要展示面上紧邻产品名称的位置使用不小于产品名称字号且字体高度不小于主要展示面高度五分之一的汉字醒目标注“复原乳”并在产品配料表中如实标注复原乳所占原料比例。

安全提示

在购买奶制品时一定要注意包装上复原乳三个字。

针对复原乳所占比例的问题。据农业部知情人士估算，液态奶添加复原乳比例10%～20%。不过，也有的行业专家认为实际数字比这个要多，大概三分之一左右。

对此，国内某大型乳制品企业负责人介绍说，大企业基本没有用复原乳生产液奶的情况，大部分进口乳制品用于糕点、奶糖等行业，只有南方奶源紧缺地区的个别小企业使用奶粉生产复原乳并不按规定标示，一些大企业根本没有用复原乳生产液奶的情况，这是国家有关部门多次到现场检查可以证实的。

原来是有法律规定的，这样大家就放心了，那除了复原乳可以给我们介绍下其他种类吗？

除了复原乳，市场上产检的液态奶还有巴氏奶和常温奶两种形式。巴氏奶只经过 70 多摄氏度十几秒钟的加热，对奶的影响比较小，很好地保持了外观和风味，所以又叫鲜牛奶。常温奶一般在 135℃以上加热几秒，对奶的风味和颜色有比较明显的影响。而复原乳是把牛奶先做成奶粉，再加水冲兑还原得到的。因为在干燥前要经过一次高温灭菌，冲兑之后还要再超高温一次，所以是加热程度最高的。

那这种高温灭菌会不会因高温破坏了营养，请老师给我们解释一下。

实际上，加热对复原乳营养的破坏远没有传说那么大，损失程度比我们想象得要小的多。根据美国农业部食品组成数据库的数据显示，在牛奶中相对于人体需求量而言，含量比较丰富的维生素是维生素 B_2 和维生素 B_{12}。如果把奶粉按比例复原成液态奶，比较它与鲜奶的维生素含量，两者的损失都只有 15% 左右。最容易损失维生素 B_1，也不到 30%。而且，牛奶并非维生素 B_1 等其他维生素的良好来源，含量本来就少，损失了也没什么可惜的，与其这样不如多吃点豆类、坚果和粗粮。还有些人担心牛奶加热会损失维生素 C，但牛奶中的维生素 C 实在太少，获得维生素 C 最好的来源其实是蔬菜和水果。至于牛奶中的钙，它是一种无机盐，怎么加热都不会变化。虽然经过超高温加热，它的溶解状态可能会有一定的变化，但这也不会影响人体的吸收，所以这个担心是没有必要的。

程老师再跟我们说说关于复原乳的检测吧。

针对复原乳检测手段的问题，各方争论也是很激烈。由农业部制定的《巴氏杀菌乳和 UHT 灭菌乳中复原乳的鉴定》正式实施后，农业部称它完善了我国复原乳鉴定标准，为监管违规添加复原乳提供了科学依据。

不过，业内也有不同的观点，他们认为，鉴定指标糠氨酸和乳果糖仅能体现乳制品的受热程度，不是添加复原乳特定的判定指标，《标准》无法区分产品中的糠氨酸、乳果糖是由奶粉、巴氏杀菌乳或 UHT 灭菌乳产生的，判定机制存在疑义，国际上也没有任何一个国家或组织出台标准使用糠氨酸和乳果糖作为指标进行复原乳判定。

还有一种说法就是“高温导致复原乳中的蛋白质变性”，这又是怎么回事呢?

要知道，我们每天吃的任何一种熟食，其中的蛋白质都经过了充分的加热变性。比如，红肉在煎锅里变成褐色，这就是“蛋白质变性”的过程，即使不加热，你吃的这些蛋白质食物，从进入口腔开始，就要被人体自身的消化液给变性掉，打散成氨基酸才能被人体吸收。实际上，加热变性不仅不损失营养，反而还有助于人体的消化吸收。

有人说复原乳营养甚至不如冰激凌和雪糕是真的吗？

这就更有些混淆视听了。要知道，冰激凌和雪糕只是用牛奶做成的一种甜品，它们所含的牛奶含量通常很少，含量最高的是糖和脂肪，根本不能提供牛奶所富有的蛋白质和钙。

安全提示

冰激凌和雪糕中的主要成分是糖和脂肪。

最后，请程老师给些建议好让大家加强对复原乳的认识。

第一，就是不要被谣言误导。很多人会说，鲜牛奶更好喝。的确，巴氏奶在外观、风味、口感等方面的确会好一些，营养方面有一点点优势，但并没有想象那么大。

第二，要让消费者理性选择。实际上，我们平时在选购食品的时候，不能仅仅考虑“好处”，还需要考虑价格、安全性和便利性等问题。比如巴氏奶，在从奶场到餐桌的整个流程中需要全程冷链，这在不产奶地区，尤其是人口居住比较分散的农村地区，实现起来难度很大，成本也高得多。而且，一旦有些环节不能保障冷链，安全性就无法保障。在这方面，复原乳和常温奶就有自己的优势，它们不需要严格冷链也能较长时间的保存，所以选择哪种奶还是要结合自己的实际情况。

第三，市场人要有良心，不要拿不合格的产品糊弄老百姓，否则只是搬起石头砸自己的脚。同时政府完善液态奶标准并严格按标准组织生产，严格产品标识标注管理以便于消费者做出购买选择，同时引导广大消费者科学消费、健康消费。

通过老师的讲解，相信大家也对复原乳有了更加深入的认识，理性消费正确选择。从而保障您的饮食健康，食品安全问题切莫忽视。

2-24

牛奶加茶等于奶茶?

奶茶原为中国北方游牧民族的日常饮品，至今最少已有千年历史。自元朝起传遍世界各地，目前在中国、中亚国家、印度、英国、马来西亚、新加坡等国家和地区都有不同种类奶茶流行。蒙古高原和中亚地区的奶茶千百年来从未改变，至今仍然是日常饮用及待客的必备饮料。其他地区则有不同口味的奶茶，如印度奶茶以加入玛萨拉的特殊香料闻名；发源于中国香港的丝袜奶茶和发源于中国台湾的珍珠奶茶也独具特色。奶茶兼具牛奶和茶的双重营养，是家常美食之一，风行世界。

但是，现在市面上出现了一种用植脂末替代牛奶制作的奶茶，植脂末的主要成分是氢化植物油、葡萄糖浆、酪朊酸钠、硅铝酸钠。酪朊酸钠是乳化剂，硅铝酸钠是抗结剂。问题就出在氢化植物油，按照目前氢化植物油工艺，大部分的氢化植物油是部分氢化的，不是完全氢化。部分氢化植物油（partially hydrogenated oils，PHOs）含有反式脂肪酸（trans fat），而无数的科学研究发现反式脂肪酸和人类心血管病有一定的正相关联系。所以，我们需要在日常生活中特别注意对奶茶的鉴别，这样才会减少健康风险。

程老师，我们经常会在街上看到很多饮品店，卖得最多的您知道是什么？

是奶茶。

对。相信很多观众朋友都喝过的，浓郁的奶味中有一点淡淡的茶叶味道，甜甜的真不错。

奶茶在生活中确实是很常见的一种饮料，因为便宜，而且味道也不错，因此受到很多人的欢迎。可是你觉得经常喝奶茶好吗？

从您这问题，我判断奶茶经常喝肯定不好！程老师，这奶茶真得就是奶和茶一起配制的吗？

对啦，奶茶文化应该是从牧区开始的。蒙古族牧民的一天就是从喝奶茶开始的。这种饮食习惯在蒙古族是作为一种历史文化表现延续至今的。要熬出一壶醇香沁人的奶茶，除了茶叶本身的质量好坏外，水质、火候和茶乳也很重要。一般说来，可口的奶茶并不是奶越多越好，应当是茶乳比例相当，既有茶的清香，又有奶的甘酥，两者偏多偏少味道都不好。还有，奶茶煮好后，应该立即饮用或者放在热水壶中，因为在锅里放的时间长了，锅锈会影响奶茶的色、香、味。奶茶一般会在人们吃各种干食的时候当水饮用，既解渴又耐饥，比各种现代饮料更胜一筹。牧民喝奶茶时，还要泡着吃些炒米、黄油和手把肉，这样既能温暖肚腹，抵御寒冷的侵袭，又能够帮助消化肉食，还能补充因吃不到蔬菜而缺少的维生素。

听您这么说这奶茶挺好的呀，程老师你是不是又该说“但是”了?

因为现在有些市面上销售的奶茶不是传统意义上的奶茶。

不是传统意义上的奶茶?

对。我们知道奶茶中的茶的种类很多，绿茶、红茶、乌龙茶。但我要说的是奶茶中的奶。

那奶茶中的奶有什么特别之处吗?

最早的奶茶当然是牛奶和茶，后来人们发现可以用植脂末替代牛奶，得到的奶茶和用牛奶制作的奶茶在外观和口感上很接近，甚至入口后可以提供更好的感官体验，也就是口感更加顺滑。这样奶茶不需要牛奶也可以制作，其成本大幅降低。

那这植脂末到底是什么东西?对我们的身体有什么危害呢?

植脂末的主要成分是氢化植物油、葡萄糖浆、酪朊酸钠、硅铝酸钠。酪朊酸钠是乳化剂，硅铝酸钠是抗结剂。问题

就出在氢化植物油，按照目前氢化植物油工艺，大部分的氢化植物油是部分氢化的，不是完全氢化。部分氢化植物油含有反式脂肪酸，而无数的科学研究发现反式脂肪酸和人类心血管病有一定的正相关联系。

又是反式脂肪酸。那经常喝奶茶的人是不是很容易得心血管疾病呢？

过多的摄入反式脂肪酸将导致人体血液内的低密度胆固醇（LDL cholesterol）含量升高，而这会增加人类患上心血管疾病的风险。但是究竟摄入多少是多呢？

程老师，我们说食品安全，一直强调一句话："万物皆有毒，关键看剂量"。反式脂肪酸对健康的危害是长期积累的结果，只要不多吃，它对人体健康的风险是完全可控的。

是的，为避免过量摄入反式脂肪酸带来的风险，世界卫生组织 2003 年建议反式脂肪酸的每天供能比应低于 1%，按照成人每天需要 8400kJ 的能量基础值来换算的话，大约相当于每天摄入量不超过 2.2g 的反式脂肪酸。

那就是喝多喝少的事儿了。那奶茶中到底含有多少反式脂肪酸呢？

如果是用牛奶做奶茶，只要知道牛奶中反式脂肪酸的含量即可。液态乳中反式脂肪酸约占脂肪总量的 2%～3% 左右，我们按照全脂牛奶的脂肪总量平均在 3.3g/100g 来计算，那么牛奶中反式脂肪酸的含量在 0.066～0.1g/100g 的

水平（图 24-1）。如果一杯 300ml 奶茶里一半是牛奶，那么按照含量上限换算一下，你喝一杯 300ml 的牛奶做的奶茶里面含有的反式脂肪酸为 0.15g。

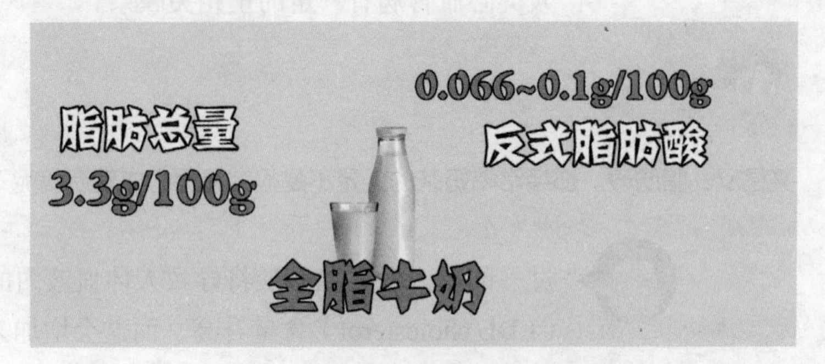

图 24-1　全脂牛奶中反式脂肪酸的含量

那如果是植脂末制作的奶茶呢？

如果是植脂末为原料制作的街头奶茶，要看具体含量。这里有一篇论文《气相色谱法测定奶茶中的反式脂肪酸》的数据可以参考，街头奶茶 300ml 中反式脂肪的含量在 0.5 ~ 2.7g。

程老师，现在奶茶还有一种就是瓶装饮料奶茶，而且有的奶茶包装上明确写明反式脂肪酸含量为零，那是不是喝这种奶茶就会很安全。

这里需要指出的是我国食品营养标签法规对反式脂肪酸含量有如下规定：当食品中反式脂肪酸含量低于 0.3g/100g 时，标签上可以标注为“零”。基于没有直接数据，这里就视瓶装饮料奶茶中的反式脂肪酸含量最大为 0.3g/100g（实际的含量可能很低）。

那如果知道这些标准和算法的话，那我们就可以大概知道一天可以喝多少奶茶。

是的。不过我们还要考虑通过其他食品摄入的反式脂肪酸量。我国国家食品安全风险评估中心 2012 年就这个问题在全国范围内做了相当权威的评估，其结果显示北京、广州这种大城市居民反式脂肪酸供能比仅为 0.34%，换算一下，我们中国人平均每天摄入 0.75g 反式脂肪酸，远低于 WHO 的建议值，也就是说反式脂肪酸对我国居民总体健康风险很低。如果取这个平均值来计算，2.2g（每天摄入量）－0.75g（中国人平均每天摄入 0.75g 反式脂肪酸）= 1.45g，也就是你每日还有 1.45g 的反式脂肪酸摄入空间。

前面已经提过了，街头奶茶分为“牛奶”和“植脂末”两种。如果是牛奶做的，你每天喝个几杯都没问题，当然前提是你喝的下，这里只考虑反式脂肪酸的摄入，不考虑其他的因素，比如糖的摄入以及营养比什么的。但是如果你喝的是植脂末做的奶茶，如前面的数据显示这类街头奶茶 300ml 中反式脂肪酸的含量在 0.5g ~ 2.7g 之间，也就是说你喝一杯 300ml 植脂末做的街头奶茶，你的每日反式脂肪酸摄入量可能就超过 2.2g 这个推荐上限了，更进一步如果你每天都来这么一杯，时间一长，可能你血液里的低密度胆固醇含量就上来了，这会提高患上心血管疾病的风险。当然，你可以通过每年的体检对血液里胆固醇的含量进行监测。可是，如果你偶尔来这么一杯植脂末做的奶茶，根本就没什么问题。

其实街边奶茶我们尽量还是少喝，因为我们普通的消费者是很难辨别清楚奶茶中的奶到底是牛奶还是植脂末。好了，非常感谢我们的程老师。

2-25

牛奶饮料中的肉毒杆菌

近日，有网友发帖称，家族微信群里有亲友转发消息，称某妇幼保健院提示，不要给宝宝喝有添加剂的牛奶饮料，因当中含有肉毒杆菌，会引起白血病，且众多产品已被紧急召回。对此，该妇幼保健院表示从未发布此类通知。记者在国家食品药品监督管理总局网站发布的近一年问题食品召回名单中，也未发现网传的牛奶饮料品牌被检测出不合格的消息。当地食品药品监管部门也回应，并没有接到召回这些产品的通知。据专业人士介绍，牛奶中蛋白质含量不高，而牛奶饮料经过稀释含量更少，不太可能有肉毒杆菌滋生，“目前的医学研究也没有发现肉毒杆菌与引发白血病有什么直接联系”。那么，什么是肉毒杆菌呢？它对人体有什么样的危害？下面是程老师的专业解读。

程老师，我记得微信朋友圈疯传过一些信息“今接妇幼保健院提示，请不要给宝宝喝牛奶饮料，都含有肉毒杆菌，现在紧急召回。”“喝了会导致白血病”等，这让很多家长十分担心。

这个我也听说了。说到肉毒杆菌，很多人首先是想到它毒性很强。不过，我还是想说，看到这个消息，首先还是不要太恐慌。

程老师，什么是肉毒杆菌？乳饮料中会有肉毒杆菌吗？它又有什么危害？

肉毒杆菌的全名叫肉毒梭状杆菌（也称肉毒梭菌），是自然界广泛存在的一种细菌，比如土壤、动物粪便中经常可以见到它，它们可以随着空气中飘浮的灰尘、小液滴飘散到四面八方，继而污染我们的食品。在食品生产过程，由于很难做到所有生产环境都无菌，乳饮料生产过程中也是可能被肉毒梭状杆菌污染的。不过，我要说的是，有肉毒杆菌并不意味着一定有毒害，具有卫生学意义的检验在于是否检出肉毒素。若只检出肉毒杆菌，但未检出肉毒素，还不能证明此食物会引起中毒。

那也就是说，其实肉毒杆菌并没有毒，肉毒素才是“真凶”。

可以这么说。我可以给大家打个比方。肉毒杆菌家族一共兄弟 7 个，本身其实没有毒性，但其中有 4 个能在一定条

件下产生肉毒素（图 25-1）。肉毒素是一种毒性很强的物质，不到 1μg 就可以置人于死地。而且这种毒素具有较强的耐酸性，不但胃液无法破坏其毒性，胃肠道的蛋白酶也对其无计可施。

图 25-1　肉毒杆菌在一定条件下产生肉毒素

肉毒杆菌一共 7 个兄弟，4 个能在一定条件下产生肉毒素，看来也不是很容易产生肉毒素的。

你说得对。第一，我们担心的是肉毒素，而要想产生肉毒素也不是一件特别容易的事情。肉毒杆菌能够繁殖和产生毒素的条件相当苛刻：要隔绝空气，要有适宜的水分活度、营养条件、环境温度（图 25-2）。第二，当以上这些条件有一个不满足的时候，它就不能繁殖，也不能产生毒素。也正因为肉毒杆菌生存繁殖所需要的苛刻条件，虽然肉毒杆菌它在自然界常见，但食品污染却比较少见。第三，需要引起重视的，反而是主要出现在家庭自制食品的过程中。

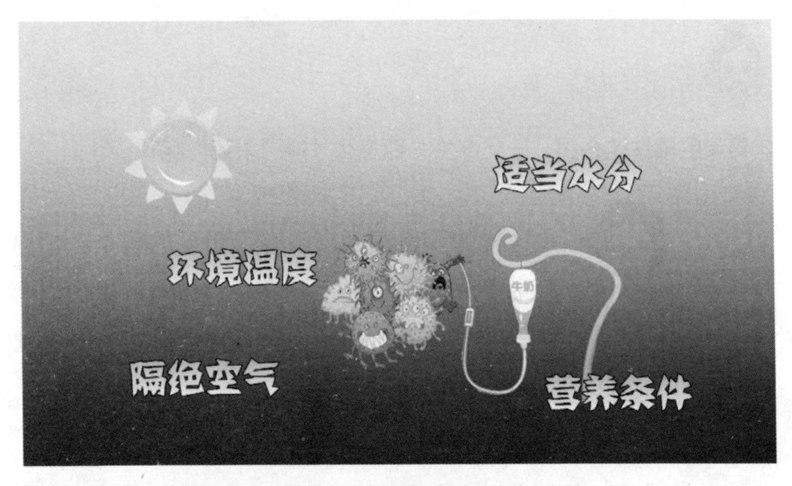

图 25-2　肉毒杆菌能够繁殖和产毒的条件

那就是说到目前为止是没有因为喝乳饮料而导致肉毒杆菌中毒的案例。

至少目前从科学上还很少有此类研究报告。

那程老师，您说到家庭自制食品会导致肉毒杆菌中毒，主要是在哪些食品或者制作过程中呢？

在我国引起此类中毒的食品大多是家庭自制的发酵食品，比如豆瓣酱、豆酱、豆豉、臭豆腐等，有少数发生于各种不新鲜肉、蛋、鱼类等食品的加工；在我国的新疆、青海等少数民族地区几乎每年都会出现自制发酵肉制品导致的肉毒中毒、甚至死亡。日本以鱼制品引起中毒者较多；美国以家庭自制罐头、肉和乳制品引起中毒者为多；欧洲多见于腊肠、火腿和保藏的肉类等等。

肉毒素的毒性这么强，一旦产生，那怎么才能“杀死”呢？

是这样的。肉毒素自己有很明显的弱点：怕热。肉毒素对热很不稳定，通常 75 ~ 85℃，加热 30 分钟或 100℃，10 分钟可被破坏。

事实上，这条朋友圈消息后来被证实为谣言。当地的记者向妇幼保健院和食药监部门打电话求证了，都证实没有发布过相关消息，这条消息完全是捏造的，大可不必恐慌。还有人问肉毒杆菌会导致白血病吗？对此，程老师怎么看呢？

其实，肉毒素中毒是神经型食物中毒，中毒时，肉毒素可抑制神经传导介质——乙酰胆碱的释放，其症状主要是神经系统症状，如视力模糊、眼睑下垂、复视、瞳孔散大、语言障碍、吞咽困难、呼吸困难，继续发展可由于呼吸肌麻痹引起呼吸功能衰竭而死亡，至少目前没有更多的科学证据认为肉毒素中毒会导致白血病。

那我们就可以不用担心肉毒杆菌了，反正它怕热，多煮煮它，也就没什么问题了。

说了这么多也不是想告诉大家完全不用担心肉毒杆菌。

啊？那我岂不是白高兴了。

肉毒杆菌的另外一个麻烦在于它的芽孢。肉毒杆菌芽孢抗热性很强，但是有芽孢也不意味着有毒，芽孢还没开始生长就不产生肉毒毒素，因此，通常认为对人是无害的。

既然芽孢没有毒，为什么您说它是很麻烦的呢？

咱就回到一开始说的儿童和牛奶的话题。在儿童体内，由于肠道菌群的缺乏，肉毒杆菌的芽孢在婴幼儿的肠道弱碱厌氧环境中是有可能产生毒素的，也就是说即便将食物中的肉毒素破坏掉，但是肉毒杆菌的芽孢对儿童的危害是不容忽视的。因此，被肉毒杆菌污染的食物是千万不能给小孩子吃的。

在食品加工中我们应该采取什么措施来防止肉毒杆菌呢？

最常用的方法就是添加亚硝酸盐来抑制肉毒杆菌。

亚硝酸盐？程老师，我以前听到它，就感觉它对我们身体有害，我们知道它是一种食品添加剂，它对肉毒杆菌还有这样的作用啊？

是的，除了添加亚硝酸盐外，美国FDA提示的方法包括加酸剂（肉毒梭菌在pH低于4.5时生长会被抑制）、减少水分含量、加盐、加亚硝酸盐等，或者集中同时使用。另外，还可以通过加入发酵剂和发酵基质来抑制咸肉中肉毒梭菌的生长。

程老师，您刚才说了，肉毒杆菌中毒最常发生在一些家庭自制食品中。那么，如何避免肉毒杆菌中毒呢？对此程老师有没有什么好的建议呢？

如何避免肉毒杆菌中毒，我建议从以下三方面做起。

1. 烹调食物尽量煮熟热透。可能受肉毒杆菌污染的食物，如肉制品、罐头等，烹调食物尽量煮熟热透。这个是避免肉毒素危害最有效的方法。

2. 尽量避免在家自制肉食。平时自己在家做自制食物时，要注意加工卫生，尤其要做一些发酵豆制品、发酵肉类时。如果实在不太会，就不要为了陶冶情操去自制食品了。

3. 加工食品一定低温储存。我们尽量将自制加工好的食品放到冰箱低温保存。

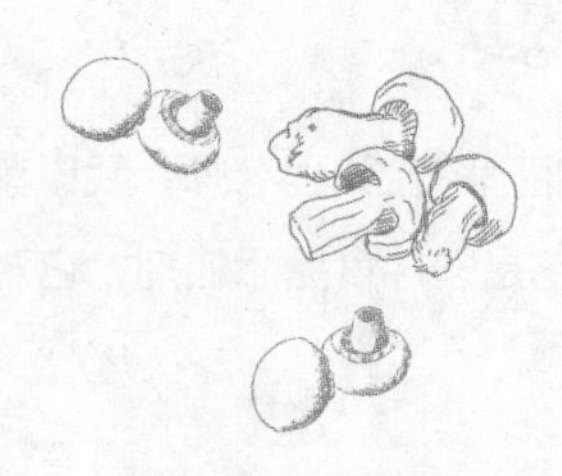

2-26

进口奶粉不宜盲目乐观

2017 年 1 月，婴幼儿奶粉进口量 22 个月来首次下降。随着婴幼儿奶粉配方注册制的落地实施，“洋奶粉”的进口量出现转折，将减轻国产奶粉的销售压力。

天津检验检疫局数据显示，截至 2017 年 3 月 20 日，经该局检验检疫进口的婴幼儿配方奶粉约 548 吨，货值约 552 万美元，同比分别下降 87.3%、71.8%，呈量价双跌态势。

从 2016 年 10 月 1 日起，根据《婴幼儿配方乳粉产品配方注册管理办法》，国内生产销售的婴幼儿配方奶粉和进口的婴幼儿配方奶粉，都应当取得食品药品监管总局颁发的注册证书，且每家企业申请不得超过 3 个系列 9 个产品配方。根据规定：原装进口奶粉在当地的生产监管严苛，生产工艺控制高度机械自动化，无需人工接触产品。达到配方注册批准要求的才能进入中国市场。

程老师，我发现现在的年轻妈妈们还是会比较多地选择国外奶粉，认为国外的奶粉就是安全的、有营养的，现在很多购物网站开通了海外购物渠道，很多消费者更是热衷海淘奶粉，这个现象您怎么看？

这个现象呢，确实是存在的。自从2008年的三聚氰胺事件以后，国人对我国奶粉乳制品的质量存在了质疑和失望，我们就从奶粉本身说起。国外的奶粉真的就是那么安全吗？我们先来看一段报道。

央视《消费主张》栏目一共购买了7个国家19个品牌的1罐婴儿配方奶粉。通过国内最权威食品检测机构，针对12种矿物质、13种维生素、2种污染物，进行详细检测。最终的检测结果是：19种国外奶粉中8个样品的铁、锰、碘、硒实测值不符合我国的食品安全标准，样品的不合格率达到了42.1%。

不合格率竟然达到了42.1%，这也确实有点不可思议！我们对市民朋友们做过采访，有很大一部分人倾向于国外奶粉，但海淘奶粉的测试值却不符合我国的食品安全标准，还是给了我们一些警醒的。

在这次检测中，以三款产地为美国的奶粉为例。这三款奶粉的铁含量实测值为0.36mg/100kJ以上，最高值是0.55mg/100kJ，而我国国家标准规定铁含量在0.1～0.36mg/100kJ，这三款美国奶粉的含铁量超出了我国食品安全标准的上限。

那铁含量超标的话，会对身体造成什么影响呢？

当儿童食物中已含有足够量的铁时，若再盲目补铁可造成儿童体内含铁量过多，使铁、锌、铜等微量元素代谢在体内失去平衡，从而影响小肠对锌、镁等其他微量元素的吸收，影响机体的免疫功能。

这么严重。

这里我要强调一点：中国人和外国人的体质特点是不同的，所以根据相关数据，中国的奶粉标准特地对铁元素的含量规定了上限，这是目前最适合中国体质、比较严格、比较科学的标准。

程老师，那现在我国国产的奶粉乳制品情况怎么样？

中国奶业协会近日首次对外发布了《中国奶业质量报告（2016）》，通过这个报告，我们可以重新认识一下我们的国产乳制品（表 26-1）。

首先，从食品抽检整体水平来看，2015 年国家共抽检食品样品共 172 310 批次，不合格率为 3.2%，而同年抽检乳制品 9350 批次，不合格率仅 0.5%。

表 26-1　2015 年乳制品与食品抽检合格率比较

抽样	食品	乳制品
抽样批次	172 310	9350
合格批次	166 769	9306
合格比例（%）	96.8	99.5
不合格比例（%）	3.2	0.5

这么看的话，乳制品的合格率要远高于其他食品了。

对，正是这样。那第二个就是我们大家都很关心的，国产乳品和进口乳品的对比情况怎么样呢？2015 年，农业部奶产品质量安全风险评估实验室对我国 23 个大城市销售的巴氏杀菌乳、超高温灭菌乳（UHT）和调制乳等 200 批次的液态奶产品进行监测，其中，国产品牌 150 批次，进口品牌 50 批次，通过对比发现：第一个指标黄曲霉毒素 M1 的监测，国产超高温灭菌乳（UHT）样品平均值为 0.013μg/kg，进口样品平均值为 0.01μg/kg，并无显著差异。均没有超过欧盟 0.05μg/kg 的限量标准，也没有超过中国及美国的 0.5μg/kg 的限量标准（图 26-1）。

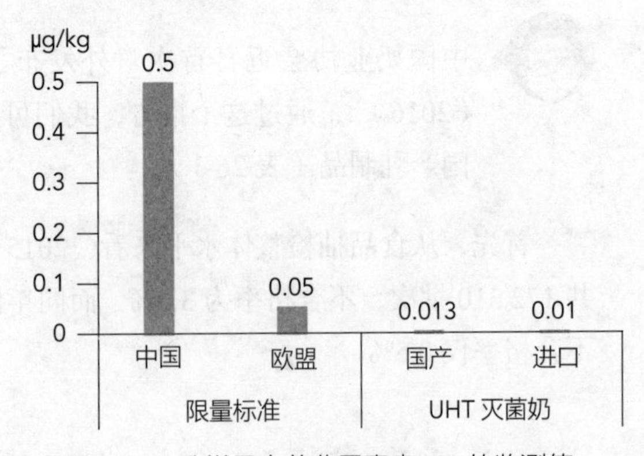

图 26-1　乳样品中黄曲霉毒素 M1 的监测值

第二个指标是兽药残留，国产巴氏奶、超高温灭菌乳（UHT）和进口同类产品均不存在使用违禁兽药或超过限量标准的情况。

第三个指标是重金属铅的问题，经过监测，国产超高温灭菌乳（UHT）、巴氏奶样品中铅平均值为 0.004mg/kg，进口超高温灭菌乳（UHT）、巴氏奶中铅平均值为 0.003mg/kg，也没有显著差异，均低于欧盟 0.02mg/kg 和中国 0.05mg/kg 的限量标准（图 26-2）。

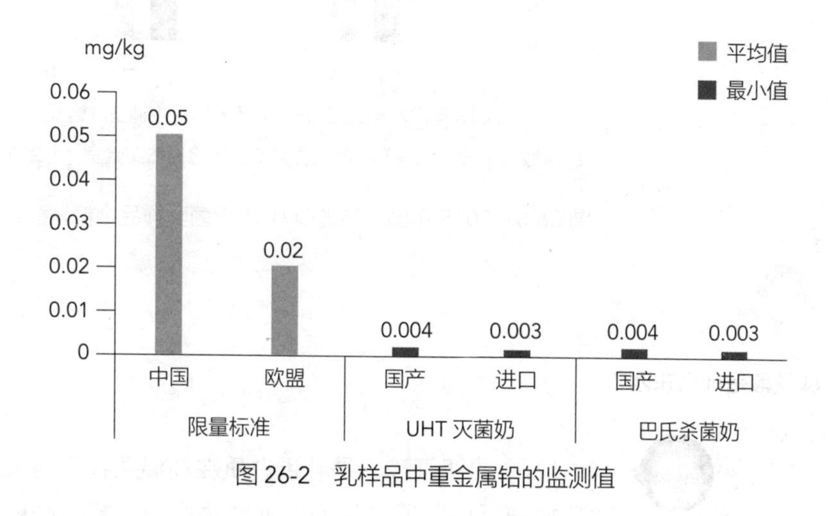

图 26-2　乳样品中重金属铅的监测值

如此看出，国产乳品和进口乳品并没有显著差异。

而在下面我要说的两项指标上，国产奶粉要比进口奶粉做得更好。

第一个是糠氨酸。在过热加工及新鲜度方面，国产超高温灭菌乳（UHT）完胜进口同类产品。经过检测，每 100g 蛋白质中国产超高温灭菌乳（UHT）样品糠氨酸平均值为 196.1mg，进口超高温灭菌乳（UHT）样品糠氨酸平均值为 227mg（图 26-3）。

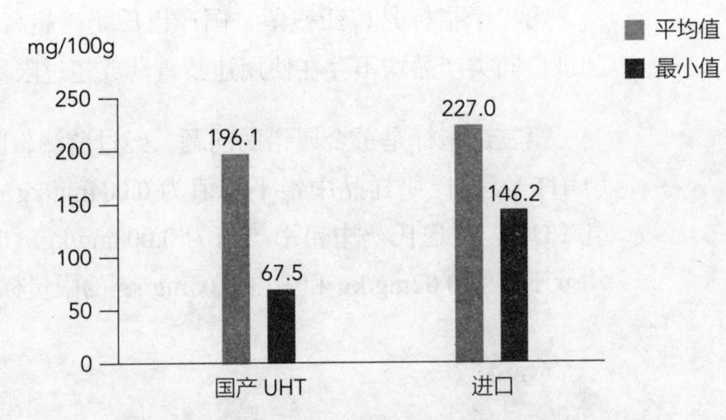

图 26-3　2015 年国产与进口 UHT 灭菌乳样品中糠氨酸含量

糠氨酸是什么东西？

奶制品中的糠氨酸，是乳蛋白质在高温条件下与乳糖发生“美拉德反应”所产生的系列产物之一。糠氨酸的含量可以用来衡量乳品是否存在过热加工的问题，乳品长途运输、储存条件不当或上架期较长，可能导致产品中糠氨酸含量较高。如果用一句通俗的话来讲，就是乳品中糠氨酸含量越高，其品质可能越不“新鲜”。

您刚才说两个指标国产奶优于进口奶，还有一个是什么？

第二个是复原乳的问题。我们之前提到过复原乳。早在 2005 年我国就明确规定巴氏杀菌乳中不允许添加复原乳，而在酸牛乳、灭菌乳中使用乳粉的商品必须在包装上标注

“复原乳”字样及使用比例。

农业部奶及奶制品质量监督检测测试中心曾在 2013—2015 年对我国 15 个省份的生鲜乳进行风险评估，通过糠氨酸等检测，结果发现，在 46 批次进口超高温灭菌乳（UHT）中，81.8% 属于正常超高温灭菌乳（UHT），18.2% 属于过热加工。而过热加工可能意味着产品中使用了复原乳。

值得关注的是，在 4 批次标称巴氏杀菌奶的进口品牌中，1 批次为非巴氏杀菌奶但是使用了巴氏杀菌奶的外包装，而另一个批次则被检出添加了复原乳，违反我国巴氏奶中不得添加复原乳的规定。

嗯，非常感谢程老师给我们带来的专业讲解。

2-27

奶粉中的微小颗粒有害吗？

随着纳米技术的发展，纳米技术在食品工业上得到了广泛应用，主要体现在食品保质和保鲜及食品加工、食品包装、食品检测等领域。20 世纪 80—90年代纳米食品相继问世。1995 年 9 月联合国粮农组织（Food and Agriculture Organization，FAO），世界卫生组织（World Health Organization，WHO），国际生命科学研究所（International Life Science Institute，ILSI）从营养学的角度正式对纳米食品进行研讨并制定了纳米食品制造准则。我国在 1995 年开始将纳米材料添加到传统原料中，对食品功能进行改进，有的已获得中试研究成果。学术界认为，纳米食品中的纳米成分极为微小，更容易穿透器官和细胞。正是由于这一特点，认为纳米食品是一把双刃剑：不光是好的物质，坏的物质也更容易进入细胞内。这就使得很多学者对纳米食品的安全性提出了质疑。但是，当前有关纳米颗粒或纳米材料的健康危险度评价的相关信息非常缺乏。截至目前，联合国粮农组织、世界卫生组织和欧盟经过评估认为，目前仍没有关于纳米粒子的基因毒性、致癌性和致畸性的数据。

程老师，做了这么久的节目之后我们会发现，不同人关注的食品各不一样。但“婴幼儿奶粉”却是一种全民关注的食品。前不久有这样一则报道。

“据美国《食品安全新闻》此前报道，美国环保组织研究人员近日在对市场销售的婴幼儿配方奶粉进行检测时，从 6 款知名婴幼儿配方奶粉检出纳米级大小的原料成分。报告称这些粒子有害婴幼儿健康，建议美国食品和药品管理局（FDA）对婴幼儿配方奶粉中的纳米粒子成分进行全面检查，并在检查完成以前召回所有含有纳米粒子的婴幼儿配方奶粉。”

这则新闻让国内的家长很揪心。因为确实有很多家长都会选择国外品牌的奶粉给孩子吃，可现在国外品牌的奶粉也问题连连。那奶粉中出现的纳米颗粒到底是什么？是怎么进入奶粉中的？是否会对孩子的健康产生危害呢？

说纳米颗粒之前，我想先说其实这份报道是来自一个民间的环保组织，发布的信息其实并不具有权威性。

好了我们回归正题。纳米其实是一个长度单位。1nm 是 1m 的十亿分之一。这个有多小呢？一粒宽度为 1mm 的盐分成一万份的话，一份就是 100nm。一般认为大小在 100nm 以下的颗粒为纳米颗粒，也就是说这个物质以很小的颗粒存在。

纳米颗粒能在环境中自然产生，在大部分食品和饮料中都能发现纳米级颗粒，甚至人体也会产生纳米粒子。我们平时吃的食物（奶、粮食等）中普遍存在天然的纳米级颗粒，人们已经安全食用了数千年。

那么奶粉中纳米颗粒最有可能来自哪里呢？检测发现产品中存

在的纳米尺寸粒子很可能是天然产物。此外，在传统生产过程中也有产生纳米大小的微小粒子的可能。生产企业一般没有理由有意添加纳米级化学物。

现在食品工业中是否允许纳米化学物的应用呢？

纳米级微小粒子的概念之所以被人们提出，主要是为了促进消化和吸收。目前，科学家也在研究纳米级食品添加剂和营养素在食品工业中的应用是否有优势。但是，目前这些研究还处于研发阶段，并没有实质性的应用。而且，从全球范围来看，世界各国都还未正式批准过纳米食品进入市场。国际上还没有公认的纳米食品安全评估的方法，科学家也还在研究和讨论如何对纳米食品进行安全性评估，目前的意见认为没有足够的科学依据认为所有纳米食品都是安全的或都是有害的。如果有了公认的安全性评估方法后，需要对个别纳米食品进行分别评估。不过，迄今为止，没有科学证据表明纳米食品有明确的健康危害。

安全提示

目前没有科学证据明确证明纳米食品危害健康。

奶粉里除了被检测出有纳米微粒外，据某位家长在前一段时间的说法称：在奶粉罐中发现了异物，一些黑色的颗粒。奶粉中为什么会有异物呢，这些异物，是在奶粉生产过程中产生的吗？

要想回答这个问题，我们得先来说说奶粉的生产工艺。奶粉的生产工艺主要分为三种，即湿法生产、干法生产、干湿混合三种。湿法生产采用的主要原料是液态乳。原料乳过滤或离心净化后，杀菌，加入配料，再次杀菌，喷雾干燥后包装。干法生产采用的主要原料是乳粉。乳粉和其他原料经过杀菌后混合均匀，然后包装。干湿混合：大部分工艺与湿法生产相同，将一些对热敏感的物质，如益生菌等通过干法生产工艺最后加入。

安全提示

奶粉制作工艺复杂精细，奶粉中的红色或黑色小颗粒可能是乳液中的乳糖在高温烘焙后形成的焦糖颗粒。

知道了奶粉的制作工艺过程，我可以非常负责任的告诉大家，一个正规的生产企业，在奶粉生产过程中出现异物的可能性，是很小的。

那么有人在奶粉中发现的是红色或黑色的小颗粒是什么呢？我们知道在生产加工中，乳液中的乳糖在高温烘焙后可能会形成焦糖颗粒。那么你说的这些小颗粒很可能是这样一些成分。

在生产环节的高温下，小部分乳糖会转化为黑色或咖啡色的焦糖颗粒。企业的工艺过程会剔除这些颗粒，但一些非常细微的颗粒有时候会漏网了。这些小颗粒不溶于水，也无法被正常吸收，但对人体没有害处，会随着新陈代谢被自然排出体外。

那关于储存奶粉，您有什么好的建议吗？

要想让宝宝健康、快乐的成长，那平时我们在储存奶粉就应该注意。

第一，开封后的奶粉要尽量保持干燥。奶粉开封后不宜存放于冰箱中，应该放在避光、阴凉、干燥的地方。如果是袋装奶粉，开封后最好存放于洁净的奶粉罐内密封储存，保持干燥。

安全提示

注意使用后奶粉勺的妥善存放，防止细菌侵入。

第二，开封后要遵循使用时间的规定。也就是说，罐装奶粉开封后最好一个月内吃完，袋装则要在半个月内吃完，另外，冲调奶粉前，家长要先洗手擦干，确保手部的清洁，避免将不干净的东西或水滴带入奶粉中。

第三，勺子妥善存放。奶粉勺也很容易引入不干净的东西。如果购买的奶粉，刚好有放置奶粉勺的设计，自然方便省事。

非常感谢程老师的专业解读，通过程老师的讲解我们知道，目前并没有明确的证据证明纳米食品对人的健康有危害；奶粉罐中偶尔出现的黑色微小颗粒是因为在生产环节的高温下，小部分乳糖转化成黑色或咖啡色的焦糖颗粒；储存奶粉的一些有效建议。

2-28

保健品的起源

中华民族有着悠久的食疗养生传统，所谓养生就是根据生命发展的规律，采取能够保养身体，减少疾病，增进健康，延年益寿所进行的保健活动，是人们提高生命质量的手段。几千年来，中华民族在与各种疾病做斗争的实践过程中，不断总结和形成了独特的传统医药学，积累了大量的养生保健经验，形成了具有中国特色的保健养生理论。从我国历代中医药文献中都可以找到许多有关保健食品初始概念的论述。古代“药食同源”的理论实际上就是保健食品的观点。中医中药作为传统的医药和养生文化，至今仍是我国保健食品开发研制的重要理论基础和有效的物质来源，同时也是我国发展保健食品的独特优势。

目前，世界各国对保健食品的概念和分类尚不完全相同，但食品学界比较一致的认为，这类食品应由自然营养成分和特殊的功效物质构成。我国的《保健食品管理办法》明确指出保健食品是指表明具有特定保健功能的食品，即适宜于特定人群食用，具有调节机体功能，不以治疗为目的的食品。这一定义既体现了对我国传统“食补学说”的认同，又以现代科学观对保健食品给予了明确界定。

保健食品首先必须是食品，必须无毒无害。它所具有的“特定保健功能”必须明确、具体，而且经过科学实验所证实。同时，它不能取代人体正常膳食摄入和对各类营养素的需要。保健食品通常是针对需要调整某方面机体功能的、“特定人群”而研制生产的，不存在所谓老少皆宜的保健食品。可以说，它有两个基本特征：一是安全性，对人体不产生任何急性、亚急性或慢性危害；二是功能性，对特定人群具有一定的调节作用，但与药品有严格的区分，不能治疗疾病，不能取代药物对病人的治疗作用。

程老师，您看今年的“3 · 15”晚会了吗？

当然看了。每年的“3 · 15”晚会我都很关注，因为“3 · 15”晚会的每一个调查专题，都和咱们老百姓的生活密切相关，尤其是咱们食品安全的话题。

是的，像我就是因为主持咱们节目嘛，慢慢地对于食品安全的问题都会特别关注，比如说今年的“3 · 15”晚会上有关于保健品会销骗局暴利骗钱的曝光，又把保健品拉进了我们的视线（图 28-1）。

图 28-1　2017 年“3 · 15”晚会：保健品会销骗局曝光

是的，其实关于保健品的问题一直就在我们身边，就像在“3 · 15”晚会中看到的一样，在全国各地，每天都有这样的所谓的“会议”，向老年人推销着各种各样的保健产品。

没错，现在大家都很注重养生，所以孝敬父母、走亲访友，保健品都是不二之选。可是面对五花八门的保健品，不用说老一辈人，连我就傻眼了，有补充维生素的、有补铁的、补钙的等等等等，真不知道该选什么好？而且我比较好奇，保健品真的就有那些所谓的保健功效吗？

随着社会的进步和经济的发展，人类对自身的健康也日益关注。从 20 世纪 90 年代以来，全球居民的健康消费逐年攀升。我国的保健品行业发展迅速，目前我国已成为全球保健品大国。然而，很多消费者只知道保健品好，大家都在买，但是对保健品的认知很有限。

是的，就跟我一样，对保健品真是不太懂。

目前市场上的保健品大体可以分为一般保健食品、保健药品、保健化妆品、保健用品等，而我们一般说得保健品，是保健食品的通俗说法。

那我们今天就和大家聊聊这个保健食品，又保健，又是食品，这保健食品到底是一个什么概念呢？

我们国家《食品安全国家标准 保健食品》（GB 16740—2014）中对保健食品是这样定义的，我们一起来看一下（图 28-2）。

保健食品，声称具有特定保健功能或者以补充维生素、矿物质为目的的食品。即适用于特定人群食用，具有调节机体功能，不以治疗疾病为目的，并且对人体不产生任何急性、亚急性或者慢性危害的食品。

图 28-2 保健食品

所以，商家在保健食品的宣传上，也不能出现有效率、成功率等相关的字样。保健品无论是哪种类型，都是出自以保健为目的的，不是速效产品。

这里面有几个关键要素，第一它是食品，第二它具有调节机体功能的作用，第三它只适用于特定的人群食用，第四它不能治病。也就是说保健品，只起到一个保健的作用，不能用它来治病，像有些保健品的宣传对某些疾病有治疗功效，可以说是多少有些虚假宣传的。

是的。所以我们消费者一定要学会科学识别，避免被误导。

说了这么多，我想知道，这个保健食品到底是怎么来的？为什么会出现这样一种如此特殊的食品？

是的。这就要追溯到咱们的古老传统了。咱们国家自古就有着悠久的食疗养生的传统，也就是利用食物来调整机体各方面的功能，获得健康或者愈疾防病。

食疗就是食物疗法，也就是说保健其实跟我们理解的养生的概念其实是差不多的。

可以这么理解。从我国历代中医药文献中都可以找到许多有关保健食品初始概念的论述。古代“药食同源”的理论，实际上就是今天我们所说的保健的观点（图 28-3）。

“药食同源”是指许多食物即药物，它们之间并无绝对的分界线，古代医学家将中药的“四性”“五味”理论运用到食物之中，认为每种食物也具有“四性”“五味”。即指中药与食物是同时起源的。

图 28-3　药食同源

《淮南子·修务训》称：“神农尝百草之滋味，水泉之甘苦，令民知所避就。当此之时，一日而遇七毒。”可见，神农时代药与食不分。

我们国家的保健食品是起源于古代“药食同源”的理论基础的，那其他国家同样也有很多保健食品，那它又是如何而来的呢？

国外的保健品历史也很久远了。其实早在 1906 年，有一个科学家叫霍普金斯（Hopkins，1861—1947）发现仅靠糖、脂肪和蛋白质远不能维持动物的生活。1912 年他用纯粹的蛋白质、淀粉、蔗糖、猪油和盐喂养老鼠，不久老鼠有的死亡，有的停止生长发育。若每天添加牛奶，则老鼠生长良好（图 28-4）。他解释说这是因为牛奶中含有一种动物生长的辅助食物因子，这种因子就是我们今天所说的维生素。

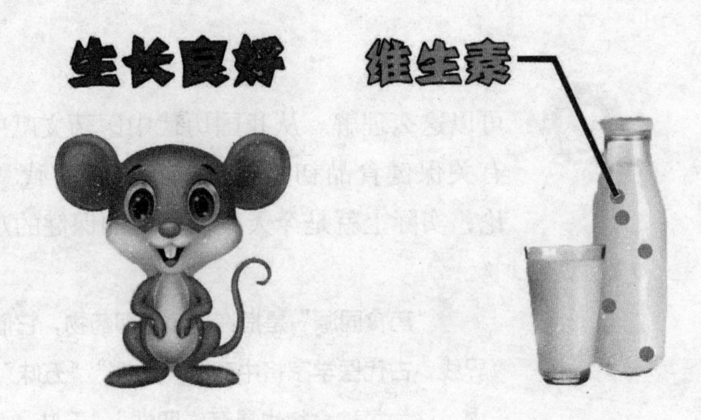

图 28-4　添加牛奶后喂养的老鼠生长良好

随着维生素被发现以后，人们才知道除了糖、脂肪、蛋白质、矿物质以外，维生素也是人体生命活动的基本物质之一。

原来维生素是这么来的啊！

是的，虽然人类发现维生素的时间比较晚，但各种维生素缺乏症却早已存在。维生素是生物体所需要的微量营养成分，一般无法由生物体自己生产，需要通过饮食等手段获得。维生素不能像糖类、蛋白质及脂肪那样可以产生能量，组成细胞，但是它对生物体的新陈代谢起调节作用。缺乏维生素会导致严重的健康问题；适量摄取维生素可以保持身体强壮健康；过量摄取维生素却会导致中毒。

程老师，这可把我给吓一跳，过量摄取维生素还会导致中毒？难道不是补得越多越好吗？

王君你错了。现在人们生活水平提高了，都认为吃一点保健品是有好处的，其实这是很大的误区。保护健康不能依靠保健品，要依靠平衡膳食，多锻炼。保健品是为特殊人群需要而准备的，不是人人都可以吃、什么保健品都可以吃，正常人没有特殊需要也最好不要乱吃保健品。

今天真是长见识了。好的，谢谢程老师今天给我们带来的精彩讲解。

2-29

正确认识保健品、药品和营养品

据了解，在20世纪90年代，原卫生部就颁发了《保健食品管理办法》指出："保健食品系指表明具有特定保健功能的食品。即适宜于特定人群食用，具有调节机体功能，不以治疗疾病为目的的食品。"

其一，保健食品是食品。首先，食用后对人体有营养作用，其次为安全。保健食品所选用的原辅料、食品添加剂必须符合相应的国家标准或行业标准规定。保健食品必须经过卫生计生委指定机构进行毒理学检验，对人体不能产生急性、亚急性或慢性危害；其二，保健食品必须具有功能性，这是它与一般食品不同之处。它至少应具有调节人体机能作用的某一功能，如"调节血糖""调节血脂"等。保健食品的功能必须经卫生计生委指定机构进行动物功能试验、人体功能试验和稳定性试验，证明其功能明确、可靠。功能不明确、不稳定者不能作为保健食品；其三，保健食品适合特定人群食用，如适合高血脂人群；其四，保健食品的配方组成和用量必须具有科学依据，具有明确的功效成分。功效成分是保健食品的功能基础。

既然保健品只是一种食品，那么它到底有没有宣传中的那么神奇呢？专家表示，保健品的功效并没有想象中那么神奇。"功能性食品，可能对人体会起到一些作用，但人体功能非常复杂，由多种因素综合作用，仅仅吃一些功能性的保健食品可能效果有限。"

程老师，说到这个“食疗”，有热心的朋友就问我，这个保健食品和我们平时吃的一般食品，还有药品，有什么区别呢？就比如说保健食品中有补钙的，可是我喝牛奶也一样补钙啊！我吃钙片一样也补钙啊！

可以说，保健食品是食品的一个特殊种类，介于其他食品和药品之间，大致有三个特质（图 29-1）：

1. 保健食品强调具有特定保健功能，而其他食品强调提供营养成分。

2. 保健食品具有规定的食用量，而其他食品一般没有服用量的要求。

3. 保健食品根据其保健功能的不同，具有特定适宜人群和不适宜人群，而其他食品一般不进行区分。

安全提示

保健食品具有保健功能，有规定的食用量，有特定适宜人群。

具有特定保健功能

只适宜特定人群

营养价值并不一定很高

图 29-1　保健品的三个特质

就是说这个保健食品是食品，但又有别于我们一般的食品，而且，肯定不是药品。

对的，我们以前讲过，保健食品是食品的一个种类，具有一般食品的共性，能调节人体的功能，适用于特定人群食用，但不以治疗疾病为目的。保健食品的保健作用在当今的社会中，也正在逐步被很多人接受。

我有一点不懂，如何理解它只适用于特定的人群呢？

人体需要的营养素有很多，例如水、蛋白质、维生素、矿物质、膳食纤维等，营养品一般都富含这些营养素，人人都适宜。例如牛奶富含蛋白质、脂肪和钙等物质，它的营养价值很高，人人都适宜喝。而保健食品是具有特定保健功能、只适宜特定人群的食品，它的营养价值并不一定很高。所以，人体需要的各种营养素还是要从一日三餐中获得。

当然保健食品在固定的保健功能方面可以比营养品获得的更多，人身体的矿物质并不平衡，所以在某些方面保健食品占更大的优势。

保健食品好像和药品一样，都可以改善人体的体质情况，那它和药品又有什么区别呢？程老师，您给我们说说，保健食品和药品又有什么区别呢？

保健食品和药品的区别，主要有以下几个方面（表 29-1）。

表 29-1　保健食品和药品的区别

	保健食品	药品
使用目的	调节机体机能，提高人体抵御疾病的能力	预防、治疗、诊断人的疾病
毒副作用	正确食用不会给人体带来危害	有毒副作用
批准文号	“国食健字……” “卫食健字……” “卫进食健字……”	“国药准字……”
销售渠道	超市及食品店	药店或医疗机构
生产要求	《保健食品良好生产规范》	在 GMP 车间按照《药品质量标准》生产

第一，使用的目的不同。保健食品是用于调节机体功能，提高人体抵御疾病的能力，改善亚健康状态，降低疾病发生的风险，不以预防、治疗疾病为目的。而药品是指用于预防、治疗、诊断人的疾病，有目的地调节人的生理功能并规定有适应证或者功能主治、用法和用量的物质。

第二，作用不同。保健食品按照规定的食用量食用，不会给人体带来任何急性、亚急性和慢性危害；而药品可以有毒副作用。

还有就是大家在选购保健食品时要注意了，保健食品和药品两者的批准文号不同。药品的批准文号是“国药准字”，而保健品文号则有“国食健字”“卫食健字”“卫进食健字”等。而且两者的销售渠道也不同，药品只能在药店或医疗机构销售，处方药还得凭处方才能购买；保健食品则可以在一般性超市及食品店销售。

大家一定要记住我们程老师刚刚说的这几点，正确选购适合自己的保健品。

还有一点就是对生产者的要求，两者执行生产工艺标准不同。国家规定药品应在 GMP（《良好的生产质量管理规范》）车间按严格的《药品质量标准》规定的工艺要求实施生产，而且保健食品实施的是《保健食品良好生产规范》。

所以消费者一定要记住，药品的作用是治疗疾病，而保健品的功效仅仅是改善人体功能，不要寄希望于吃保健品能够治病。

因为人体需要的营养，最佳的状态是保持均衡，不是说想补什么就补什么，这个是不科学的。而且过量的补充一些人体不需要的营养，对人体可以说不仅没好处，还会有一定的风险。

比如说人体本身不缺钙，但是买了不少补钙的保健品，也许有的人认为补钙嘛，多补点也无所谓，其实没准就变成了骨质增生了！

王君，我看你现在也算是半个“专家”了！

其实说白了，保健食品就是食品，和营养品一样都是补充人体所需的营养。

保健食品和营养品还是有区别的。

它们有什么区别啊？

营养食品一般都富含营养素，大部分人都适宜。例如牛奶富含蛋白质、脂肪和钙等物质，它的营养价值很高，是 3 ~ 12 岁儿童补充营养首选品。

但是，保健食品不是人人都适宜的。

是的，保健食品、药品及营养食品都可以某种程度上改变人体功能，但是效果是不一样的。保健食品针对性比较强，但是不能代替药品，药品就是用来治病的，针对性比保健食品还要强。而营养食品更多的是全方位补充，针对性即使有，相较于前面两种也显得很低了。

好的，非常感谢程老师给我们解读了保健食品、药品和营养食品之间的区别。

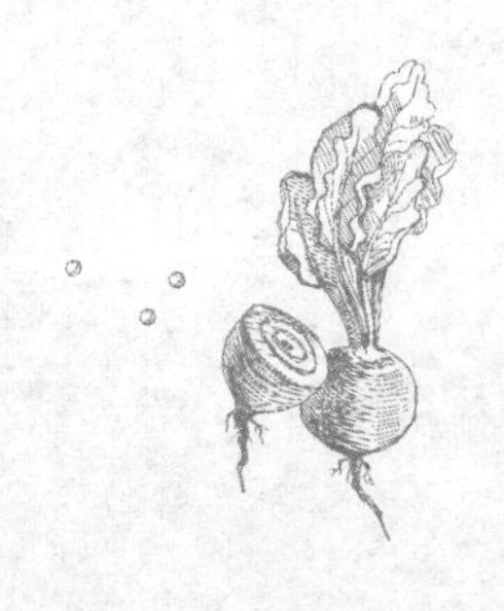

2-30

正确选择保健品

现在越来越多的人送礼都送保健品了。那在选购保健品的时候有哪些误区问题呢？很多消费者混淆了“保健”与“治疗”的概念，认为保健品能够起到治疗，甚至治愈疾病的作用，这是错误的观点。保健品可以预防调节纠正机体的亚健康状态，像高血压、高血脂等慢性病病人可以在正常服用药物的前提下选用一些保健食品和用品。如果用保健品替代药物的治疗作用而影响了治疗，轻则病情加重，重则危及生命。还有的消费者认为多吃保健食品，多补充营养只好不坏，其实不然。并不是每个人都需要服用保健食品的。从医学角度来讲只有处于“亚健康”状态的人需要使用保健品来对机体进行调节。从养生的角度来讲，日常适当补充微量元素有利于身体健康，而某些行业的从业人员服用抗辐射，促进排铅等有劳动保护性质的保健食品是有利健康的。对保健食品不论什么成分，什么功能是否适合自己拿来就吃，很可能对身体造成伤害，正如中医所说的“虚则实之，实则虚之”。那么，怎样正确认识和选择保健品呢？让我们一起看看程老师的专业讲解。

程老师，保健食品几乎已经成为了逢年过节送亲友的首选礼品，像什么人参、丹参、西洋参、鹿茸、燕窝等，数不胜数。而且现在，很多人也会选择购买国外的保健品。

我们前面讲到过，虽然说保健食品和中医“食疗”密不可分，但是它已然从药品范畴中脱离出来了，成了一个全球性的新的产业。保健食品在欧美称“保健食品”或“健康食品”，也称营养食品，德国称“改良食品”，日本一开始叫“功能性食品”，1990 年改为“特定保健用食品”，并纳入“特定营养食品”范畴。

原来保健品也是一个全球化的食品啊。

世界各国对保健食品的开发都非常重视，新功能、新产品、新造型和新的食用方法不断出现。随着社会进步和经济发展，人类对自身的健康日益关注。20 世纪 90 年代以来，全球居民的健康保健消费逐年攀升，对营养保健品的需求十分旺盛。在按国际标准划分的 15 类国际化产业中，医药保健是世界贸易增长最快的五个行业之一，保健食品的销售额每年以 10% 以上的速度增长。从 20 世纪 80 年代起步的中国保健品行业，在短短二十多年时间里，已经迅速发展成为一个独特的产业。

如此快速发展的保健品行业，肯定会有各种各样不同功效的产品大批涌入市场，所以消费者在购买保健品时也是傻了眼，都不知道该从何下手了。

选择的前提是认识，只有正确地认识、了解保健食品，才能科学地选择保健食品。大家要记住，保健食品首先它也是食品，在选择购买的时候，要看它的营养标签。保健食品虽然不同于药品，但也有具体的含量，如果分量不够，我们吃的保健食品不过就是精神安慰剂。这里教您简单的方法，有的保健食品并不标注每粒（片）所含有效成分的含量，但必须标注“净含量 / 粒”和“每 100g 有效成分含量”这两项指标，没有标注的不要考虑去购买了。

这还真的是一个简单有效的方法，相信大家马上就能学会，但是，保健食品的秘密光靠这一点可是远远不够的，还有什么需要注意的地方您赶紧给我们的朋友们支支招？

消费者在选购的时候，须仔细阅读说明书，要认准产品包装上的保健食品标志（小蓝帽）及保健食品批准文号，依据其功能有针对性的选择，并按标签说明书的要求食用，切忌盲目使用。在这里呢，我简单地说一下辨别的方法。

1. 看标志。保健食品的标志为天蓝色专用标志，与批准文号上下排列或并列（图 30-1）。批准文号为卫食健字（4 位年代号）第（4 位顺序号）号，如卫食健字（2001）第 0005 号，或者进口的为卫食健进字（4 位年代号）第（4 位顺序号）号，如卫食健进字（2001）第 0009 号；2003 年 7 月以后批准的，批准文号为国食健字 G+4 位年代号 +4 位顺序号，如国食健字 G20040048，或者进口的为国食健字 J+4 位年代号 +4 位顺序号，如国食健字 J20040002。只有认清批准文号才能保证您所购买的保健食品是经过有关部门审批的。

图 30-1　保健食品的标志（小蓝帽）

2. 看包装标识。如果发现有产品信息不符的可以到相关食品药品监管部门网站查询。保健食品包装标识必须注明以下项目：保健食品名称；净含量及固形物含量；配料；功效成分；保健作用或保健功能；适宜人群、不适宜人群；食用方法；日期标示（生产日期及保质期）；储藏法；执行标准；保健食品生产企业名称及地址；卫生许可证号。

3. 要注意产品的禁忌。保健食品只适宜特定人群调节机体功能时食用，因此要对症选购。要详细查看产品标签和说明书，看看自己是不是该产品的“特定人群”，或者是不是“不适宜人群”。老年人、体弱多病或患有慢性疾病的病人、儿童及青少年、孕妇要谨慎选择。

这一点大家一定要谨慎注意，以避免不必要的健康风险。

是的，还有就是不要以价格来衡量保健食品效果的强弱。因为产品剂量、添加物质和品牌的不同，价格也不一样。

如果您不需要更多的添加内容（如加钙等），那么选择功能少些、价格低些的保健食品就可以了。另外，不要过分的迷恋和相信所谓的百分比，比如吸收率、沉积率、使用率、有效率、治愈率等。

还有一些商家宣称产品为祖传秘方；或者明示、暗示适合所有症状及所有人群的，那可就得小心了。

是的，要正确对待广告宣传。人群中的个体差异很大，不要相信广告里的绝对性用语，不要轻信张三、李四食用结果如何有效的证言。一些企业很愿意采用个别案例作为普遍现象广为宣传。不要轻信明星在广告里的宣传，不要轻信药店、商场、超市里“穿白大褂”的所谓专家的夸大宣传。遇有虚假宣传产品疾病治疗、预防功能的食品和保健食品的，可拨打12331电话投诉举报。

对，保健食品不是健康主食，不要把对健康的赌注全部压在保健食品上，忽视合理的生活方式和运动，保健食品终归不能代替饮食。非常感谢程老师给我们大家的建议。

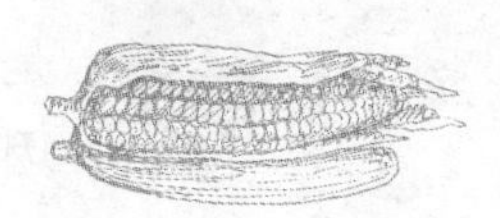

感谢以下单位和机构提供政策专业技术支持

（排名不分先后）

国家食品药品监督管理总局

中国疾病预防控制中心

国家食品安全风险评估中心

山西省卫生和计划生育委员会

山西省食品药品监督管理局

山西省疾病预防控制中心

太原市卫生和计划生育委员会

太原市食品药品监督管理局

中国食品科学技术学会

山西省科学技术协会

中华预防医学会医疗机构公共卫生管理分会

中国卫生经济学会老年健康专业委员会

中国老年医学学会院校教育分会

山西省食品科学技术学会

山西省科普作家协会

山西省健康管理学会

山西省卫生经济学会

山西省药膳养生学会

山西省食品工业协会

山西省老年医学会

山西省营养学会

山西省健康协会

山西省药学会

山西省医学会科学普及专业委员会

山西省预防医学会卫生保健专业委员会

山西省医师协会人文医学专业委员会

太原市药学会

太原广播电视台

山西鹰皇文化传媒有限公司

山西医科大学卫生管理与政策研究中心

SALT
SALT
HONEY
Milk

SALT
HONEY
SALT
Milk
28枚